Lutz Bastubbe, Wolfgang Dath, Michael Reimer, Lutz Zschage

Bubikopf, Taigatrommel & Weiße Lady

Lutz Bastubbe, Wolfgang Dath, Michael Reimer, Lutz Zschage

Bubikopf, Taigatrommel & Weiße Lady

Die Deutsche Reichsbahn in Farbe 1975–1993

trans press

Einbandgestaltung: Katja Draenert

Titelbild: Nach der planmäßigen Überholung durch den D 501 kann auch die 41 1225 mit ihrem P 3003 um 9.36 Uhr den Saalbahnhof von Jena in Richtung Göschwitz (Saale) verlassen. An diesem 29. November 1986 zum letzten Mal – der Einsatz der BR 41 endete auf der Saalebahn. Foto: Michael Reimer

Innentitel: In der aufgehenden Morgensonne macht sich die zur Heizlok degradierte 52 3204 am 18. Dezember 1984 im Bw Berlin-Schöneweide an die Arbeit.
Foto: Lutz Bastubbe

ISBN: 3-613-71232-6

1. Auflage 2004

Sie finden uns im Internet unter: http://www.transpress-verlag.de

Lektorat: Hartmut Lange
Innengestaltung: Marit Wolff
Reproduktionen: Schwabenverlag mediagmbh, 73760 Ostfildern-Ruit
Druck: Schwertberger GmbH, 86687 Kaisheim
Bindung: Conzella, 84347 Pfarrkirchen
Printed in Germany

Vorwort

Vor nunmehr zehn Jahren hörte die Deutsche Reichsbahn auf zu existieren, wurde wie die Deutsche Bundesbahn ein Bestandteil der neuen Bahn AG. In diesem Bildband versuchen wir, untersetzt mit einigen begleitenden Erläuterungen, einen Teil des Abschnittes der »DR« von 1975–1993 für die Nachwelt zu erhalten. Es ist die Sicht von vier Eisenbahnern, die in der kollegialen Reichsbahnfamilie groß wurden und dort ihrem Broterwerb nachgingen, als Lokführer, Handwerker, Triebfahrzeugschlosser und Eisenbahner im Betriebsdienst. Aber auch die Sicht auf große Transportleistungen, auf einen interessanten, abwechslungsreichen Bahnbetrieb, der oft nur unter großen Anstrengungen am Laufen gehalten wurde. Sicherlich rufen wir mit unserem Buch auch jene Experten auf den Plan, die meist vieles besser wissen, obwohl sie nie bei der DR arbeiteten, die dieses rastlose Räderwerk nur von Außen oder bei Besuchen erleben durften, ohne im Einzelnen das Wie und Warum zu verstehen. Wir wünschen allen Lesern eine angenehme Lektüre und die eine oder andere Erinnerung an eine vergangene Epoche.

Berlin, im Dezember 2003
Lutz Bastubbe
Wolfgang Dath
Michael Reimer
Lutz Zschage

Inhalt

Bubikopf, Taigatrommel und Weiße Lady

Die Deutsche Reichsbahn ist seit zehn Jahren Geschichte. Plandampfaktionen oder »DR-Logos« an inzwischen historischen Fahrzeugen lassen gelegentlich einen Hauch von Nostalgie aufkommen. Doch was ist von der Reichsbahn geblieben? Die elektrischen Lokomotiven der modernen Baureihen 143 (bis 1992: BR 243) und 155 (bis 1992: BR 250) sowie eine ständig geringer werdende Anzahl von Diesellokomotiven. Das einst so unbeliebte »U-Boot«, die Baureihe 219 (bis 1992: BR 119), hat sich inzwischen auch vom Schienenstrang verabschiedet. Die Reihen abgestellter und ausgemusterter Lokomotiven, die nicht nur von der ehemaligen Reichsbahn stammen, werden immer länger. Das Geschäft der Verwertungsgesellschaften und Schrottfirmen läuft auf Hochtouren.

Da sind solche Meldungen im Internet schon eine Sensation: »Holzroller-Alarm im Elbtal. Die 109-2 fährt einen Liegewagenzug von Sassnitz via Berlin nach Bad Schandau.« – »Holzroller? 109? Was ist denn das?«, wird so manch´ eingefleischter Dampflokfan fragen und vielleicht auch der eine oder andere jüngere Eisenbahnfreund. Doch auch einige der Kenner dieser Baureihe werden überlegen: »Dafür an die Strecke fahren, nur um ein Foto zu machen? Das wäre uns doch vor 20 Jahren nie in den Sinn gekommen!«

Als E 11 erblickte diese Gattung vor fast 40 Jahren das Licht der Schienenwelt. Nach 1970 hieß sie 211 und kurz vor Vereinigung beider deutscher Bahnen stand sie, nunmehr als BR 109 bezeichnet, bereits kurz vor ihrer Ausmusterung. Sie war eine typische Vertreterin jener DR-Lokomotiven, die erst zum Ende ihrer Einsatzzeit einen gewissen Ruhm erlangten. Also eine Art der Ostalgie? Für uns stellt sich noch einmal die Frage: Auf zum Foto? Nein!

Vielleicht war es eine Biertischlaune, dass wir unsere umfangreichen Dia-Sammlungen einmal durchstöberten. Haben wir nicht beim Warten auf die Dampflokomotiven auch – vermutlich aus Langeweile – ein Triebfahrzeug der modernen Traktion oder ein Eisenbahnutensil neben der Strecke abgelichtet? Auf die Dampflokomotive fixiert, fand sich gerade bei der von uns in den 80er-Jahren viel geschmähten Reichsbahn über viele Jahre hinweg eine Vielfalt von Fahrzeugen, die nur die wenigsten Fotografen beachteten. Hinzu kamen interessante Farbspiele, die zum Teil aus Wünschen nach »Modernem« oder der »Obrigkeit«, aber zum Teil auch aus Mangel an Farben entstanden waren. Ein gutes Beispiel liefert dafür die Baureihe 118: Mal waren die Lokomotiven mit breitem oder schmalem Zierstreifen zu sehen, mal mit Lätzchen oder ohne.

Als dieses Buch Gestalt annahm, war schnell klar, dass leider nicht jede Farbvariante, jede Baureihe oder jeder Zug abgebildet werden kann. Das galt ebenfalls für Exoten, ausländische Fahrzeuge auf den Gleisen der DR oder Unfälle im Betriebsdienst. Das hier vorgestellte Spektrum beginnt natürlich bei den Dampfrössern, spannt den Bogen über die bekannten DR-Baureihen 106, 110, 118, 119, 120, 243 oder 254 und endet schließlich während der

Umzeichnung kurz vor dem Zusammenschluss beider deutscher Bahnen.

Ein kurzer Blick zurück: Im September 1977 verabschiedete sich König Dampf zwischen Berlin und Dresden, für viele Dampflokfreunde brach eine vermeintlich heile Welt zusammen. Nur noch wenige Schnellzugeinsätze blieben den Baureihen 01 und 03 in den folgenden Jahren erhalten. Stattdessen ging die Verdieselung allerorten voran, die Baureihen 119 und 132 – oder nach der fortschreitenden Elektrifizierung – die Baureihen 211/242 und 250 sowie weitere modernere Triebfahrzeuge lösten die verbliebenen Dampfrösser der Baureihen 41, 44, 50, 52, 58 oder 95 ab. Langeweile machte sich bei uns breit. Heute sind diese Vertreterinnen der Diesel- und E-Traktion auch Geschichte, leben nur noch bei privaten Eisenbahnunternehmen weiter und ziehen Scharen von Eisenbahnfans in ihren Bann. Damals, als die Lokomotiven auf ihren angestammten Routen mit langen, heute kaum vorstellbaren Zügen fuhren, gelang es uns, zwischen 1975 und 1993 diese Vertreter der DR auf den Filmen festzuhalten.

Und was ist mit den Eisenbahnern und den Reisenden? Sie waren oftmals unerwünscht oder wir suchten das »reine« Technik-Motiv ohne die »störenden« Menschen. Natürlich mit den seinerzeit typischen Einschränkungen – festgehalten von der Transportpolizei oder auf teilweise enttäuschendem Filmmaterial der Marke ORWO. Die qualitativen Mängel der Filme können wir nicht leugnen, dennoch liegen viele einmalige, farbenfrohe Aufnahmen vor. Da gibt es leider auch den üblichen quer liegenden Kratzer von Bild 1-36 sowie den grünen oder blauen Farbstich, immer passend zur farblich aufgedruckten Banderole des ORWO-Films. Diesen Umstand wussten auch einige Eisenbahnfreunde aus dem »Westen« auszunutzen. Wir waren damals stolz, den geliehenen FUJI- oder KODAK-Diafilm im eigenen Apparat zu belichten. Auf die versprochenen Kopien der seltenen Reichsbahn-Schnappschüsse warten wir noch immer. Film und Eisenbahnfan blieben für uns hinter der schützenden Grenze verschwunden, andererseits sind bis heute andauernde Freundschaften geblieben.

Auch das Nachstellen der Polizei und einiger übereifriger Helfer war regional verschieden. Dank pfiffiger Ideen ging kein Film verloren. Und hielt man sich an die üblichen Regeln gegenüber dem Bahnbetrieb, musste selbst die Staatsmacht die Fotografieverfügung für das Bahngelände von 1973 anerkennen.

Dabei immer von der Frage begleitet, woher die genaue Kenntnis der Zugläufe oder Bespannungen nehmen? Ist heutzutage das Medium Internet schon fast unverzichtbar und in der Schnelligkeit unübertroffen, waren für uns die in gedruckter Form zusammengestellten Informationen in westlichen Eisenbahnmagazinen Mangelware. Handschriftliche Kopien wurden zum gehüteten Goldschatz. Für uns Eisenbahner taten sich dennoch einige zusätzliche Quellen auf. Heimlich auf Lokomotiven durchgearbeitete Buchfahrpläne, liebevoll gepflegte Kontakte zu Lokleitungen in der ganzen Republik und nächtliche Telefonate quer durch das Basa-Netz waren Voraussetzung für so manch erfolgreiche Fototour. Das Ergebnis waren zahlreiche gelungene Aufnahmen, von denen die folgenden Seiten eine umfangreiche Auswahl bieten.

1. König Dampf – bis zur Wende unverzichtbar

Der Traktionswechsel bei der Deutschen Reichsbahn (DR) dauerte mehrere Jahrzehnte. Nachdem in den 60er-Jahren die ersten Diesellokomotiven zumeist die alten Vertreterinnen der Länderbahnzeit oder die Dampfrösser im Rangierdienst abgelöst hatten, dauerte es bis etwa in die Mitte der 70er-Jahre, bis weitere deutliche Veränderungen sichtbar wurden. Nun standen zahlreiche Großdiesellokomotiven aus der UdSSR – die Baureihen 120, 130, 131 und 132 – auf den Gleisen der DR. Sie ersetzten Maschinen der Baureihen 110 und 118, die wiederum an anderen Stellen Dampflokomotiven ablösten. Dieser Schritt vollzog sich rasant. Im Bahnbetriebswerk (Bw) Aue (Sachs) verschwanden von einem Tag auf den anderen nahezu die Baureihen 86 und 58, in Arnstadt die Kohlenstaub-44er, in Meiningen die 41, in Gera die Reko-58 (Baureihe 58.30) oder in Senftenberg die 52er, auch 52 mit Kohlenstaubfeuerung.

Bereits einige Jahre zuvor hatte die Bahn die Dampflokomotiven aus verschiedenen Bw komplett abgezogen, um die dortigen Anlagen für die moderne Fahrzeugunterhaltung umzubauen. Dazu zählten u. a. die Bw Berlin-Pankow, Berlin Ostbahnhof oder Seddin. In Berlin fand man die »Alten« nur noch in Schöneweide oder in Lichtenberg.

Doch noch war »König Dampf« unverzichtbar. In den Bw Nordhausen und Sangerhausen dominierte uneingeschränkt die BR 44. Die schweren Güterzüge, vor allem beladen mit Kali, gelangten bis in die Saalestadt Halle. Bis nach Blankenheim schob oft eine weitere 44 nach. An dieser Route lag auch das Bw von Röblingen (am See). Dort waren vorrangig Lokomotiven der BR 52 stationiert, die fast alle Züge nach Querfurt und Vitzenburg bespannten.

Unvergessen bleibt die Qualmwolke, die ständig über Saalfeld auszumachen war. In und um die thüringische Stadt war in den 70er-Jahren der Dampfbetrieb noch allgegenwärtig. Doch zur Lokomotivvielfalt in Thüringen sind schon etliche Publikationen erschienen, sodass sie hier nicht noch einmal aufgelistet werden soll.

Die hier willkürlich gewählte Aufzählung einzelner Bahnbetriebswerke mit einem noch hohen Dampflokanteil in diesen Jahren lässt sich folgendermaßen fortführen: Witten-

Tabelle 1: Zahl der Dampfloks im Vergleich zu Streckendiesellokomotiven und E-Lok

Jahr/Traktion	1975	1980	1985	1990
Dampf	1854	863	536	269
Diesel	1725	2358	2635	2524
Elektro	373	564	728	1219

Am frühen Morgen des 9. Oktober 1979 stand 44 0195 mit einem Güterzug im Bahnhof Chorin. Der Fotograf wollte dort die Überholung mit einer Pasewalker 01 fotografieren, die aber an diesem Tag durch eine 132er ersetzt worden war. Das freundliche Personal der Eberswalder 44er bot zum Trost eine Mitfahrt auf dem Führerstand der Lok bis nach Angermünde an, wo nebenstehende Aufnahme entstand. Der Lokführer blättert im Buchfahrplan, um eine Fahrtmöglichkeit auf einer anderen Dampflok in Richtung Berlin heraus zu suchen, die es dem Fotografen ermöglicht, trotz der nicht eingeplanten Mitfahrt auf der Lok pünktlich zu einem Termin zu kommen. Wenn alle Lokpersonale so freundlich gewesen wären wie dieses, hätte das Hobby noch mehr Freude bereitet. Deshalb nochmals einen herzlichen Dank an die beiden Eberswalder! Foto: Wolfgang Dath

berge, Eberswalde, Angermünde, Salzwedel, Wustermark, Halberstadt, Haldensleben, Falkenberg (Elster), Nossen, Elsterwerda, Bautzen, Kamenz, Zittau oder Karl-Marx-Stadt-Hilbersdorf. Doch auch in diesen Bw blieb die Zeit nicht stehen. Diesellokomotiven waren auf dem Vormarsch, fanden Einzug in die Bw von Eberswalde, Angermünde und anderswo. Nur aufgrund der vielen zu erbringenden Zugleistungen war keine der verbliebenen Dampflokbaureihen verzichtbar. Noch nicht.

In einigen Orten stagnierte der Traktionswechsel nahezu. Da war es schon fast etwas Besonderes, wenn beispielsweise die 52 Reko (Baureihe 52.80) die Altbauvariante dieser Baureihe ersetzte. Vor allem im Direktionsbezirk Cottbus schien es so. Selbst vor schweren Kohlenzügen verdingten sich hier noch einige Maschinen. Aber in Cottbus selbst oder in Senftenberg dominierten schon längst die Diesellokomotiven der BR 132 oder 120.

Es gab noch die vielen Bahnbetriebswerke, die fast bis zum endgültigen Dampf-Aus ihre Maschinen behielten. Allerdings war die Baureihenvielfalt stark eingeschränkt – neben 50 und 52ern gab es nur noch wenige 41er zu sehen. Die Öl- und Dieselverknappung, auf die im 4. Kapitel noch eingegangen wird, tat ein Übriges.

Die Beendigung des Dampfbetriebes wurde von Jahr zu Jahr hinausgeschoben. Bis in das Jahr 1988 verrichteten in Staßfurt, Haldensleben, Brandenburg, Halberstadt, Falkenberg, Engelsdorf, Bautzen und Görlitz einige Dampflokomotiven ihren Dienst. Der endgültige Abstelltermin aller Dampflokomotiven der DR sollte der 28. Mai 1988 sein. Trotzdem wurden in Oschersleben, Glauchau und Zittau weiterhin planmäßig Dampflokomotiven eingesetzt. Sieht man von den vielen Heizeinsätzen und vereinzelten Aktionen von Dampf-Enthusiasten ab, endete mit der 50 3559 (zunächst) am 29. Oktober 1988, eingesetzt vom Bw Halberstadt, das Dampfzeitalter bei der DR.

Im Schritttempo befährt 50 3541 mit ihrem Güterzug im Februar 1980 die alte Elbebrücke von Wittenberge in Richtung Geestgottberg. Die Brücke wurde wegen ihres katastrophalen Zustandes ständig durch einen Brückenmeister geprüft. Ein Genosse der Transportpolizei wachte ferner im linken Tor. Die starken Beschädigungen erhielt das Mauerwerk während des Zweiten Weltkrieges. Bis zum Bau einer separaten Straßenbrücke über die Elbe Ende der 70er-Jahre führte auch der gesamte Straßenverkehr zwischen Stendal und Wittenberge wechselseitig über den rechten Brückenteil der Eisenbahnbrücke. Lange Wartezeiten waren die Folge.
Foto: Lutz Bastubbe

Lange Zeit unangefochten bewältigten die Öl-Maschinen der BR 44.0 und 50.0 aus den Bw Pasewalk, Angermünde und Eberswalde den Güterzugverkehr auf der Kursbuchstrecke 920 Berlin–Stralsund. Im September 1978 zieht die 50 0034 den 1800 t schweren Dg 51563 Stendell–Halle(Saale) an der Kanalbrücke bei Britz in Richtung Eberswalde. Foto: Lutz Zschage

Im Hauptbahnhof Gera wartet die 58 3006 mit ihrem Doppelstockgliederzug zur Mittagszeit auf Abfahrt. Volkmar Kubitzki hielt am 17. September 1978 diese Szene im Bild fest. Neben ihren Einsätzen in Gera waren die »Reko 58er« noch in Glauchau und in Riesa aktiv, wurden aber wenig später im Bw Glauchau zusammengeführt. Foto: Slg. Lutz Zschage

Am 30. November 1980 brachte die Eberswalder 44 0568 einen Kieszug aus Eberswalde nach Berlin und trug damit zur Versorgung der Hauptstadt mit Baumaterial bei. Noch waren viele Dampflokomotiven auf der Strecke von Angermünde in Richtung Berlin anzutreffen. Erst langsam drangen die »Taigatrommeln« in die Domäne der ölgefeuerten 44er aus Eberswalde und 50er aus Angermünde ein. Die Beförderung des täglichen Kieszuges übernahm dann auch keine Diesellok, sondern eine Reko 52er, die vom Bw Eberswalde zum sparen von Öl und Diesel eingesetzt wurde. Foto: Wolfgang Dath

Eine gewaltige Rauchwolke erzeugt die Brandenburger 52 8172, als sie am 25. Juli 1978 ihren Güterzug beschleunigt, nachdem sie die 03 0059 mit dem D 514 vorbei gelassen hat. In Höhe des S-Bahnhofes Berlin-Springpfuhl fährt sie an einem S-Bahn-Zug der BR 275 vorbei, der von Berlin-Marzahn kommend in Richtung Berlin-Lichtenberg unterwegs ist. Im Hintergrund sind die Wohnblöcke des größten Berliner Neubaugebietes zu sehen. Foto: Wolfgang Dath

Einige Eisenbahner der DR organisierten gemeinsame Ausflüge in der Freizeit. Solche Aktivitäten wurden von den Politabteilungen der DR sogar teilweise gefördert. Im Februar 1981 unternahmen die Lokomotivführer der Rangierloks vom Bahnhof Berlin-Rummelsburg einen Ausflug nach Wernigerode. Für die Fahrt und für die Übernachtung konnte ein Liegewagen genutzt werden, der im Bahnbetriebswerk abgestellt wurde. Die Berliner Kollegen wurden von den Eisenbahnern in Wernigerode sehr freundlich aufgenommen und betreut. Auch für die Beheizung des Liegewagens wurde gesorgt, indem die 99 6102 auf dem Vierschienengleis an den Wagen herangefahren wurde. Foto: Wolfgang Dath

Am 13. April 1982 war die 50 3562 des Bw Halberstadt mit einem Personenzug zwischen Nienhagen (bei Halberstadt) und Dedeleben unterwegs. An dem kühlen Abend dieses Tages war die Dampfwolke über der Lok schon von Weitem sichtbar.
Foto: Wolfgang Dath

Immer auf eine konfrontierende Unterhaltung mit den Genossen der Transportpolizei gefasst, stießen wir in die Nähe des Grenzgebietes vor, um die letzten einst preußischen T 20 zu erleben. Soeben rollte 95 0027 mit ihrem Personenzug nach Saalfeld in den Bahnhof Kaulsdorf (Saale) ein. Nachdem der Zug fotografiert worden war, fuhren die beiden Fotografen, die per Anhalter auf der Pritsche eines LKW nach Kaulsdorf gekommen waren, im ersten Wagen zurück nach Saalfeld, wo an diesem 3. Mai 1981 eine erfolgreiche Fotopirsch zu Ende ging.
Foto: Wolfgang Dath

52 8169 vom Bw Zittau hat eine Untersuchung im Raw Meinigen erhalten. Im September 1983 steht sie, nachdem in den Werkhallen eine L6+K7 ausgeführt worden ist, an einem Personenzug in Richtung Eisenach, um ihre Probefahrt zu absolvieren. Zunächst wird sie als Schlusslok eingesetzt. Zuglok ist eine 118, die am anderen Zugende noch erkennbar ist. Während ein Inspektor auf dem Umlauf schon Notizen in sein Taschenbuch einschreibt, das am Ende der Fahrt alle festgestellten Mängel enthalten wird, unterhält sich ein anderer Eisenbahner mit einem Transportpolizist, der an diesem schönen Spätsommertag nichts gegen das Fotografieren der Lok einzuwenden hat. Foto: Matthias Hempel

Rechts unten: Stendaler Lokomotiven kamen selten in die Nähe von Berlin, zum Rangierbahnhof Wustermark. So reisten wir ihnen im Herbst 1980 bis nach Rathenow entgegen. Zusätzlich waren einige Brandenburger 52 auf der gleichnamigen Städtebahn abzulichten. Am sonntäglichen Abend sollte die Reise zurück gehen; warten auf den Eilzug aus Stendal zur Weiterfahrt nach Berlin-Schöneweide. Diese Szene durchbrach plötzlich, unmittelbar vor dem Eilzug befindlich, ein Güterzug mit einer Reko 52 bespannt. Für die Reisenden kaum eine Notiz wert – wann kommt endlich der Reisezug? Foto: Michael Reimer

Erstmals am 6. September 1981 öffneten sich für uns die Tore des Raw Meiningen. Trotz erster Einschnitte wegen Ölmangels sind die Richtgleise noch mit ölgefeuerten Lokomotiven gefüllt. Vom Ende des Dampfeinsatzes kaum eine Spur, auch wenn einige Gleise im Werk mit zu reparierenden Zementsilowagen besetzt sind. Das Raw Meiningen übernahm in den 80er-Jahren verschiedene Aufgaben neben der Ausbesserung der schwarzen Giganten. Dazu zählte kurzzeitig die Instandsetzung von Beiwagen der LVT 171/172, Zementsilowagen, Dampfspeicherlokomotiven und schließlich der Bau und die Unterhaltung von Schneepflügen. Foto: Michael Reimer

Zwischen 1975 und 1977 gelangten fast alle verbliebenen Neubaulokomotiven der Baureihe 35, ehemals Baureihe 23.10, auf das Abstellgleis. Letzte Hochburgen waren Berlin-Lichtenberg, Hoyerswerda oder Nossen. Mit der Lieferung sowjetischer Diesellokomotiven konnten die einheimischen 110 und 118 die BR 35 vollständig verdrängen. Am 6. Oktober 1975 war davon noch nichts zu spüren. 35 1047 lief in den Kopfbahnhofteil von Arnsdorf ein. Dort gab es auch den Zugtausch: Kurze Zeit später führte sie tendervorran den altertümlichen Abteilwagenzug vom Nachbargleis. Foto: Mattis Schindler

Das Raw »Deutsch-Sowjetische Freundschaft« in Schlauroth bei Görlitz wurde kaum beachtet. Dennoch vollbrachten die dortigen Eisenbahner wichtige Arbeiten, um alle schmalspurigen Dampflokomotiven einsatzbereit zu halten. Neben den Maschinen von den DR-Strecken kamen auch die schmalspurigen Liliput-Lokomotiven von den DR-geförderten Pioniereisenbahnen aus Dresden und Leipzig. Mit ihrer Spurweite von 381 mm passten sie jedoch auf kein Hallengleis, sondern sie mussten auf speziellen Rollwagen instand gesetzt werden. Eine Dresdner Lokomotive wartete am 15. April 1985 auf ihre Fertigstellung. Foto: Michael Reimer

Der abendliche Zug von Oschatz nach Mügeln wurde stets mit zwei Lokomotiven geführt. Alle Maschinen übernachteten im Lokschuppen von Mügeln. So musste auch die Rangierlokomotive täglich überführt werden. Im Mai des Jahres 1986 schenkten die Radfahrer in Oschatz dem Zug mit 99 1566 und 1584 keinen Blick. Der Reisezugverkehr war seit einem Jahrzehnt eingestellt, übrig blieben die Rollwagenzüge von und nach Kemmlitz, beladen mit Kaolin. Heute ist der »Wilde Robert« wieder ein Publikumsmagnet, der Güterverkehr ruht schon lange, aber es gibt wieder Schüler- und dampfgeführte Sonderzüge.
Foto: Slg. Michael Reimer

»Meister, die Papiere ...«. Letztmalig übergab die Aufsicht von Brand (Niederlausitz) dem Lokführer der 52 8091 die Unterlagen für den Nahgüterzug N 61 143 nach Lübbenau (Spreewald). Es war an diesem verregneten 31. Mai 1986 die letzte dampfgeführte Leistung der Einsatzstelle von Lübbenau. Künftig dominierte die Taigatrommel, die Baureihe 120 des übergeordneten Bw Senftenberg. Für den ORWO-Film eine Belastung, bei diesem grauen Wetter noch Farben zu »finden«.
Foto: Michael Reimer

Der Molli blieb auch nach der Wende. Nahezu unverändert sind bis heute die Lokomotiven, doch die Wagen sind modernisiert. Der alte, formschöne Wartburg hat inzwischen vielen anderen Automarken Platz gemacht. Als vor über 20 Jahren dieses Foto in Bad Doberan gelang, war an Bilder mit überfüllten Straßen nicht zu denken. Foto: Michael Reimer

Oben: Was tun, wenn der Funkenfänger mit Rußteilchen verklebt ist? Das Personal der 50 3681 holte sich am 22. November 1981 im Bw Salzwedel Putzwolle sowie Dieselkraftstoff und brannte ihn mittels anfachender Ölspritze frei. Ob der Arbeitsschutzinspektor das an einem Werktag für gut befunden hätte? Während unserer Fotoexkursion in dieses Altmark-Bw markierte diese Aktion einen Farbtupfer an dem sonst grauen Herbsttag.
Foto: Michael Reimer

Noch waren im Berliner Raum die Altbaumaschinen der BR 52 anzutreffen. Im Februar 1978 macht sich die 52 1436 als Weichenheizlok im Rangierbahnhof Pankow, im Norden von Berlin gelegen, nützlich. Ließ die starke Rauchentwicklung das Herz eines Eisenbahnfans höher schlagen, bewirkten die intensiven Rauchschwaden bei den Anwohnern das vollständige Gegenteil.
Foto: Lutz Zschage

Links unten: Klirrende Kälte im Januar 1981: Heizlokomotive 52 3204 wartet auf ihren Einsatz im Rangierbahnhof Berlin-Pankow. Das aus der Luftpumpe tröpfelnde Wasser gefriert an der Steuerstange. In den Wintermonaten waren oft drei Dampflokomotiven für die Weichenheizung des Bahnhofs Pankow zuständig, die das Bw Berlin-Schöneweide abgab.
Foto: Michael Reimer

Nach der Überführung von Beeskow kann der Nahgüterzug N 60 165 von Frankfurt (Oder) nach Weichensdorf weiter fahren. 52 8026 verlässt zur Mittagszeit im September 1982 den kleinen Abzweigbahnhof von Grunow. In Weichensdorf wurden über Jahre die Züge getauscht, denn fast zur gleichen Zeit erreichte ein Güterzug von Cottbus kommend den Bahnhof. Die Frankfurter 52 8026 bestach durch ihren optisch guten Pflegezustand. Eine weitere Besonderheit war ihr zusätzlich angebautes Typhon, um an den zahlreichen unbeschrankten Bahnübergängen die Autofahrer zu warnen. Manch ein Fotograf soll bei dem irritierenden Geräusch seine Kamera wieder eingepackt haben, weil er glaubte, eine Diesellokomotive käme. Foto: Michael Reimer

Im Bw Senftenberg waren die letzten kohlenstaubgefeuerten Lokomotiven der DR beheimatet. Der Einsatz neigte sich 1979 dem Ende zu. Schließlich absolvierte 52 9175 im Juni dieses Jahres die letzten Fahrten, nachdem die 52 9900 bereits Wochen zuvor eine Abschiedsfahrt unternommen hatte. Ein Jahr zuvor, am 15. Mai 1978, schaute der Lokomotivführer der 52 9222 noch zufrieden in die Kamera einiger begeisterter Fotofreunde. Foto: Mattis Schindler

Das Ende naht, die Schilder an der 99 1585 fehlen bereits. Bald wird der Reiseverkehr eingestellt sein. Die IV K 99 1585 verlässt am 14. September 1982 das Dreischienengleis zwischen Wolkenstein und Streckewalde. Kurz darauf wird der Zug stoppen und der Zugführer dem Fahrdienstleiter melden, dass der Abschnitt wieder frei ist. Foto: Michael Reimer

Wehmütig stehen am Abend des 30. September 1984 die Fotofreunde am Lokomotivschuppen in Wolkenstein. Das letzte Feuer ist entfernt, der letzte Zug aus Niederschmiedeberg heimgekehrt. Einst fuhren die Züge bis Jöhstadt, doch der Betrieb war unrentabel. Einzig der Abschnitt bis Niederschmiedeberg war wichtig, denn dort wurden Kühlenschränke für das In- und Ausland produziert und der Transport auf der Straße war noch zu holprig. Doch bald erlosch das Feuer für immer ... 20 Jahre später fahren jedoch wieder Museumszüge zwischen Jöhstadt und Steinbach auf der wiederaufgebauten Trasse. Foto: Michael Reimer

503638-9

Die 65 1002 wurde 1977 von der DR an das Betonwerk Giersleben zum Heizen abgegeben. Für den Beschauer bot sich am 16. April 1988 ein jämmerlicher Anblick dieses Heizgerätes. Der Fremdrauchabzug ähnelt einer Herz-Lungenmaschine ... Foto: Lutz Bastubbe

Links: Der Dampflokfriedhof Meyenburg diente den Bahnbetriebswerken im Norden der DR zum Abstellen ihrer Dampflokomotiven vor ihrem letzten Weg in den Schrott. Nur wenigen der nach Meyenburg gelangten Dampflokomotiven blieb der Schneidbrenner erspart. Am 27. Februar 1989 war unter anderem die Wittenberger 50 3638 in dieser Reihe zu sehen. Heute wartet sie im Museumsgelände von Röbel (Müritz) auf bessere Zeiten. Foto: Lutz Bastubbe

2. Das Ende der Hochrädrigen

Die in den 70er-Jahren wohl von fast allen Eisenbahnfreunden besonders bewunderten großrädrigen Schnellzugdampflokomotiven machten sich zu der Zeit, als wir anfingen unserem Hobby zu frönen, langsam aber sicher rar.

Der Unterhaltungsaufwand der Lokomotiven stieg, altersbedingte Risse und stärkere Kesselabzehrungen sowie der Betrieb von Altbaukesseln bei Lokomotiven der Baureihen 01.2 und 03.2 machten den Einsatz immer aufwändiger. Als am 25. September 1977 die Altbau-01des Bw Dresden Altstadt und die Reko-01 des Bw Berlin Ostbahnhof aus dem schweren Schnellzugdienst auf der Strecke Dresden – Berlin ausschieden, schien das Ende der Schnellzugdampflokomotiven gekommen. Eisenbahnfreunde aus den verschiedensten Ländern hatten im Sommer 1977 die 01er noch vor Zügen mit so klangvollen Namen wie »Hungaria«, »Pannonia-Expreß« oder »Metropol« und bis zu 16 Reisezugwagen bewundert. Beachtlich waren die mit diesen Zügen erreichten Fahrzeiten von 2 Stunden 5 Minuten für die Strecke Dresden Hbf – Berlin Ostbahnhof. Zum Vergleich: Ein Intercity ist heutzutage nur sieben Minuten schneller.

Für die Berliner Reko-01er blieben bis September 1978 nur noch zwei Zugpaare nach Szczecin übrig. Da kam es im Winter 1977/78 fast einer Sensation gleich, als die Einsatzstelle Berlin-Lichtenberg ihre verbliebenen Altbaumaschinen der Baureihe 01 noch einmal für diese Leistungen aktivierte. Im letzten Einsatzjahr 1978/79 blieb nur noch der E 314/315 »Gedania« von Berlin nach Szczecin und zurück mit den Berliner 01. Am 30. September 1979 traf 01 2065 zum letzten Mal mit dem E 315 aus Szczecin in Berlin-Lichtenberg ein. Danach wurden die Schnellzuglokomotiven dem Bw Berlin-Schöneweide zugeordnet und in untergeordnete Dienste verdrängt. Mit etwas Glück konnte man gelegentlich eine Lok vor einem Leerreisezug sehen, den sie für eine ausgefallene Diesellok bespannte. 01 1512 und 1518 liefen zeitweise sogar vor Nahgüterzügen. Außerdem nutzte man die Lokomotiven zu Heizzwecken. Im Herbst 1979 wurden 01 1511 und 1514 an das Bw Stendal abgegeben, um dort zu heizen. Die Überführung erfolgte dabei unter Dampf vor Eilzügen.

Bereits ein Jahr zuvor, am 30. September 1978, schickte das Bw Leipzig Hbf West zum Abschied von ihrer BR 03 den D 562/567 mit den Lokomotiven 03 2058 und 03 2254 in Doppeltraktion auf die Reise. Damit war auch für die Zweizylinder-03 fast das Ende gekommen. In Frankfurt (Oder), Halberstadt, Oebisfelde und Görlitz standen die letzen 03er bereits abgestellt. Nun wurde der Focus auf die Bw Lutherstadt Wittenberg und Güsten gerichtet, jene kleineren Bahnbetriebswerke, die Schnellzugdampflokomotiven nur noch zum Abfahren der Fristen erhalten hatten. Die stolzen Schnellzuglokomotiven zogen Personenzüge, Hilfszüge und Güterexpresszüge.

Im Fahrplanabschnitt 1978/79 bespannten die Wittenberger 03 noch einmal den D 563 und den D 660 zwischen Leipzig und Berlin. Im Mai 1979 erlosch das Feuer in den Wittenberger Lokomotiven, letztmalig beförderten 03 2058, 2153 und 2155 verschiedene Reisezüge und waren dem Anlass entsprechend beschriftet.

Engagierten Dienststellenleitern und Eisenbahnern im Bereich Maschinendienst war es zu verdanken, dass die letzten Schnellzugmaschinen weiterhin im Einsatz blieben. So kamen zwischenzeitlich die 01 2114 und 2137 zum Bw

Den Schlussstrich unter den planmäßigen Einsatz der ölgefeuerten 03.10 des Bw Stralsund zog 03 0010. Die Ehre, den letzten Zug zu befördern, wurde der damaligen »Starlok« des Bw Stralsund übertragen. Am 31. Mai 1980 präsentierte sich die Lok in bestem Pflegezustand in Anklam mit dem D 914 auf dem Weg nach Stralsund. Für das konservativ geführte Bw Stralsund war das Schild an der Schürze der 03 schon außergewöhnlich. Foto: Lutz Bastubbe

Halberstadt. Bis Mai 1979 setzte man sie auf der Strecke nach Magdeburg im beschleunigten Personenzugdienst ein, für uns eine willkommene Möglichkeit, die Renner noch einmal im Regeldienst zu erleben. Ein besonderer Höhepunkt war der Einsatz der 01 2137 vor den Messesonderzügen zur Herbstmesse 1980 nach Leipzig. Auch der im Sommer 1980, 50 Jahre nach dem Bau der ersten 03, initiierte Einsatz der 03 2117 vom Bw Oebisfelde und der 03 2002 vom Bw Güsten ließ die Herzen zahlreicher Fans höher schlagen.

Dagegen schien für die ölgefeuerten 01.5 auf den Strecken zwischen Saalfeld und Leipzig die Welt auch weiterhin in Ordnung zu sein. Neben zahlreichen D- und Personenzugleistungen gehörten auch artfremde Güterzüge auf der Rampe nach Unterwellenborn zum Aufgabengebiet. Einen Höhepunkt bildete dagegen bis zum Jahres-

Im Jahr 1981 war diese Szene noch alltäglich: Morgens gegen 4.00 Uhr bespannen 01 0510 und 01 0513 ihre Züge im Bahnhof Saalfeld und sorgen mit ihrer Dampfheizung für mollige Wärme in den Wagen. Doch die letzten Tage der Schnellzugdampfloks waren bereits gezählt. Foto: Lutz Bastubbe

wechsel 1979/80 die turnusmäßige Leistung vor einem Autoreisezug von Probstzella bis Berlin-Wannsee über eine Strecke von 338 km! Den Leerzug zog die 01 über die imposanten Stadtbahnviadukte bis in den Ostteil der Stadt.

Klassischen Schnellzugdampf boten bis Anfang des Jahres 1980 die ölgefeuerten 01.5 des Bw Pasewalk und die ebenfalls ölgefeuerten Dreizylinder-03.10 des Bw Stralsund zwischen Berlin und dem Norden der Republik. Auch hier war das Ende nur eine Frage der Zeit. Hatte das Bw Stralsund ursprünglich mit 16 Lokomotiven der Baureihe 03.10 den kompletten Bäderzugbetrieb zwischen Berlin und Stralsund sowie auch bis Barth, zum Fährhafen Saßnitz und nach Binz bewältigt, so verloren im Winterfahrplan 1979/80 die 03.10 bis auf den D 813/D 914 ihre angestammten Leistungen an die russischen Großdieselloks der BR 142. Das Bw Pasewalk war zum gleichen Zeitpunkt nur noch buchmäßig mit zwei 01.5-Leistungen präsent. Hier endetet der regelmäßige Einsatz vor den 550 t schweren D 718 und D 917 schon Mitte 1979. Am 31. Mai 1980 bespannte die Paradelok des Bw Stralsund, die 03 0010, zum letzen Mal den D 813 und auf der Rückfahrt den D 914. Mit dem Einsatz der 03 0010 am 31. August 1980 vor dem Zugpaar D 735/P 3158 von Stralsund nach Rostock und zurück endete dann vor-

erst die Epoche der Schnellzugdampfloks im Norden der DDR.
Bereits im Frühjahr 1980 hatten fehlende Heizölkontingente zur raschen Abstellung der ölgefeuerten Schnellzuglokomotiven in Stralsund und auch in Saalfeld geführt. Dennoch gab es beim Bw Saalfeld eine Entwicklung, mit der wir nicht gerechnet hatten. So staunten wir nicht schlecht, als im März 1980 die Berliner 01 1512 im Bw Saalfeld zu sehen war. Wenig später wurden auch die schon tot geglaubten großohrigen 01 2114, 2118 und 2204 gesichtet, die nun gemeinsam mit den Reko-Loks 01 1511, 1512, 1514 und 1518 Leistungen der Ölloks übernahmen. Doch mit den kohlegefeuerten Loks gab es ebenfalls Probleme: Durch ausbleibende Lieferungen aus Polen, wegen Streiks der Gewerkschaft *Solidarnosc* in den Kohlerevieren, stand nur minderwertige Kohle in ausreichender Menge zur Verfügung – erste Anzeichen einer sich verändernden Weltpolitik. Somit kamen ab Herbst 1980 in Saalfeld wieder vermehrt ölgefeuerte 01.5 zum Einsatz und verdrängten die Kohle-01 bis zum Frühjahr 1981 aus dem Bw Saalfeld, womit das Ende der rostgefeuerten Schnellzugdampfloks bei der DR gekommen schien.
Doch Totgesagte leben länger! 01 2204, einstige Dresdner Traditionslokomotive, kam nach Wismar. Die Dresdener

Pünktlich um 6.13 Uhr hatte sich die Stralsunder 03 0077 am 17. Juni 1978 in Berlin Ostbahnhof mir dem D 610 nach Barth am Haken in Bewegung gesetzt. Zwei Minuten später passierte der Zug den S-Bahnhof Warschauer Straße, wo die Fahrgäste unbeeindruckt von der vorbeidonnernden Maschine nach der S-Bahn Ausschau hielten, die dem Fotograf fast die Sicht auf den D-Zug versperrt hätte. Foto: Wolfgang Dath

Am sonnendurchfluteten Morgen des 5. August 1978 oblag der Pasewalker 01 0503 die Beförderung des Gex 2650 von Berlin aus in Richtung Stralsund. Als der Zug den ehemaligen Block Danewitz passiert, hat der Lokführer bereits gesehen, dass an der Einfahrt Biesenthal Langsamfahrt signalisiert wird. Der Regler ist geschlossen und wenig später wird der Zug in die »Ecke« rollen, um eine Überholung abzuwarten. Foto: Wolfgang Dath

erhielten dafür die 01 2137, während die 01 2118 in die BRD ausreisen durfte.
Die 01 2204 wurde von November 1981 bis April 1982 von Wismar aus vor Personenzügen nach Güstrow, Rostock und Stralsund eingesetzt. Dann war es endgültig aus mit den Planeinsätzen der Altbau-01 bei der DR.
Zum 31. Dezember 1981 mussten alle ölgefeuerten Lokomotiven der DR abgestellt werden – das bedeutete auch das Aus für die ölgefeuerten 01 des Bw Saalfeld, die damit praktisch die Ära der Schnellzugdampflokomotiven bei der DR beendeten, wenn man einmal von wenigen Ausnahmen absieht.
Am 8. Januar 1982 wurde die ölgefeuerte 01 0520 aus dem Betrieb genommen. Am selben Tag bekam die Einsatzstelle Göschwitz die 01 1514 als Heizlok zugewiesen, setzte sie allerdings auch im Dienstplan ihrer 41er ein.

Vor dem D 917 Stralsund–Leipzig spannten auf dem Abschnitt bis Berlin-Lichtenberg die ölgefeuerten 01.5 des Bw Pasewalk vor. Zumeist genügte eine Maschine für den Umlauf nach Berlin, zurück mit einem Postzug (Gex), und einer Füllleistung vor Personenzügen. Im Spätherbst 1979 war damit Schluss. Einige Wochen zuvor gelang das Bild von der Einfahrt mit Tempo 100 in den Bahnhof von Bernau (b Berlin). Allzu lange konnte man an dieser Stelle nicht warten, denn manch eifriger Volkspolizist meinte, dass die Kamera doch eher die hinter dem Zug befindlichen Kasernen der Roten Armee erfassen könnte. Foto: Michael Reimer

Eine Flankenfahrt am 18. Februar 1982 beendete diese Einsätze.

01 1511 und 1512 waren bereits im Dezember 1981 von Saalfeld nach Stendal und Magdeburg umbeheimatet worden. Zunächst dienten beide Loks nur Heizzwecken. Am 6. März 1982 gelangte 01 1511 zum Bw Halberstadt, um auf der Strecke nach Magdeburg eine 118er einzusparen. Die Lok beförderte Personenzüge und einen Containerzug, an Wochenenden Personenzüge zwischen Halberstadt und Thale. Am 10. Oktober 1982 wurde sie nach Magdeburg abgegeben.

01 1512, ab dem 6. April 1982 dem Bw Güsten zugeordnet, sollte dort helfen, Dieselkraftstoff zu sparen. Deshalb wurde ab dem 23. Mai 1982 ein dreitägiger Umlaufplan für Dampflokomotiven eingerichtet, der mit Lokomotiven der BR 41 gefahren werden sollte.

Die bekanntesten Stammleistungen des Bw Saalfeld (Saale) für die kurze Einsatzzeit der BR 01 gehörten neben dem D 504 nach Halle die Eilzüge zwischen Saalfeld, Gera und Leipzig. 01 0521 schleppt den morgendlichen E 800 über die lange Steigung bei Unterwellenborn in Richtung Messestadt. Zehn Wagen der Gattung Bghwe (»Reko-Wagen«, 2. Klasse) gehörten zur planmäßigen Last. Foto: Michael Reimer

Da nicht genügend 41er zur Verfügung standen, kam sie hauptsächlich vor Personenzügen zwischen Schönebeck-Salzelmen und Sangerhausen zum Einsatz. Am 21. September 1982 war auch diese Episode beendet; die Lok ging nach Magdeburg.

Ab 26. September 1982 bespannte 01 1512 den D 641 zwischen Magdeburg und Berlin sowie den Militärschnellzug D 1194 in der Gegenrichtung. Drei Tage später blieb sie mit Luftpumpenschaden in Berlin liegen. Da eine rasche Reparatur unmöglich war, fuhren vor diesen Zügen wieder Magdeburger Diesellokomotiven.

Der Umstand, dass noch vorhandene Ölvorräte aufgebraucht werden mussten, erlaubte im Frühjahr und Sommer 1982 auch noch einmal den Einsatz der ölgefeuerten 01 0513, 0517, 0519, 0520, 0524 und 0531. Ende Oktober 1982 waren aber auch diese Lokomotiven aus dem Betriebsdienst ausgeschieden und größtenteils als Heizloks vermietet. Die letzte 01 im planmäßigen Schnellzugeinsatz war die 01 0513, die am 20. Oktober 1982 den E 805 von Leipzig nach Saalfeld beförderte. Der Einsatz von Schnellzugdampflokomotiven im Plandienst war damit bei der DR endgültig vorbei.

Nur kurz war der Einsatz der Baureihe 03 vom Bw Lutherstadt Wittenberg aus. Nach nur einem Jahr endete im Juni 1979 die Beheimatung. Zum Fahrplanwechsel am 26. Mai 1979 zogen die 03 2058, 2153 und 2155 noch einmal zuverlässig ihre D- und Personenzüge. Geschmückt und mit Abschiedsworten beschriftet, erreichten sie pünktlich Berlin. Doch im Wende-Bw Lichtenberg wurde gefordert, dass die Beschriftung entfernt wird. Nur mit einem Blumenstrauß und einigen »Putzflecken« ging es auf die Rückreise. 03 2153 strebt am Nachmittag dem Bahnhof Berlin-Schönefeld zu. Zum Trotz fuhr die 03 2153 am nächsten Tag noch einmal, beschriftet mit »Das war die letzte Fahrt«. Foto: Michael Reimer

Dem starken Engagement im Bahnbetriebswerk Wismar und der Ölkrise geschuldet kam es für ein knappes halbes Jahr zum Einsatz der 01 2204 vor Personenzügen im Norden der DDR. Rostock, Stralsund und Güstrow hießen die Wendebahnhöfe. Ohne große Anstrengung verlässt P 9267 am 26. Februar 1982 den Bahnhof Mistorf. Foto: Slg. Lutz Zschage

Unten: Während unserer Schulzeit war nur der abendliche E 314 »Gedania« zu fotografieren. Die verbliebenen dampfgeführten Leistungen nach Szczecin (Stettin) waren zumeist vom Licht her unattraktiv oder nur in der Ferienzeit erreichbar. Im Jahr 1978 mühte sich am Abend gegen 19 Uhr die Berliner 01 1511 die Steigung vom Bahnhof Lichtenberg zum Biesdorfer Kreuz hinauf. Zwölf Stunden später wird sie von Szczecin wieder heimkehren. Seit Jahrzehnten ungenutzt wartet der Wasserturm im S-Bw Friedrichsfelde auf seine nahende Sprengung. Er erinnerte noch an die Dampflokzeit auf Berlins S-Bahngleisen. Foto: Michael Reimer

Zwergsignal, Wasserkran und Dampflok – noch ein typischer Anblick bei der DR. Die ex Berlinerin 03 2117 gefällt sich als Hauptdarstellerin. Bestreitet sie doch ihr unerwartetes »zweites Leben«, als sie Güsten in Richtung Aschersleben verlässt. Von September 1975 bis April 1978 kalt als Reserve im Bahnbetriebswerk Berlin Ostbahnhof abgestellt, gehörte sie ab dem 22. Mai 1978 zum aktiven Betriebspark in der Rbd Magdeburg. Foto: Lutz Zschage

Noch unterbrechen mehrmals täglich kräftige Auspuffschläge die Beschaulichkeit des südlich von Berlin gelegenen Städtchens Luckenwalde. 03 2243 verdient sich mit einigen Schwestermaschinen ihre Gnadenkohlen vor Personenzügen zwischen Berlin und Lutherstadt Wittenberg. Zügig beschleunigt sie am 18. Mai 1978 den P 3517 nach Halle (Saale). Foto: Lutz Zschage

Weisen, Perleberg Süd, Hornstorf oder Meyenburg waren die Abstellorte nicht mehr benötigter Dampflokomotiven der Bw Wittenberge, Wismar, Güstrow und Rostock. Während die erstgenannten Bw noch einige Dampfrösser im Einsatz hatten, war in Rostock der Traktionswechsel beinah vollzogen. Und die Geschichte der Rostocker 01 war Anfang der 80er-Jahre schon längst Vergangenheit. Um die Lücke in der eigenen Sammlung zu schließen, musste also ein Foto vom Sammelbahnhof Meyenburg genügen. Rasch wurde an den Achsen die Ordnungsnummer »502« erkundet und an die Rauchkammertür geschrieben. Der Autor legte dabei selbst Hand an mit seiner schönsten »technischen Schrift«. Foto: Michael Reimer

Für den Außenstehenden ist dieser ungewöhnliche Blick faszinierend, bei den Lokomotivschlossern eher gehasst: das Triebwerk der 01 1518. Die Arbeiten an einer »warmen« Dampflok waren oftmals sehr beschwerlich und ließen nicht immer Dampflokromantik aufkommen. Foto: Lutz Zschage

3. Die »kunterbunte« DR

Das Bild der modernisierten Reichsbahn prägten in den 70er- und 80er-Jahren Diesel- und E-Loks, Gleisbildstellwerke, neue Empfangsgebäude und Brücken sowie der wachsende Containerverkehr. Doch der größte Teil der Eisenbahnfreunde interessierte sich kaum für die in den offiziellen Veröffentlichungen über die DR gepriesenen Anlagen, sondern nur für die Lokomotiven.
Das hat sich geändert, heutzutage gibt es eine ganze Reihe von Eisenbahnfreunden, deren Herz beim Anblick einer ehemaligen DR-Diesellok höher schlägt. Sei es die BR 120

Aufgereiht standen 110 809, 111 014, 105 143 und 50 3640 aus Anlass eines Streckenjubiläum am 1. Juni 1985 vor dem Lokschuppen in Wittstock (Dosse). Die Fahrzeuge spiegeln ein Stück Geschichte in der Lokeinsatzstelle des Bw Wittenberge wider. Beachtenswert ist die Segmentdrehscheibe vor dem Lokschuppen. Foto: Lutz Bastubbe (seit 1992: BR 220) oder die BR 119 (seit 1992: BR 219), jede Reihe hat inzwischen ihre eigene Fangemeinde. Bis zum Ende der DDR hätte sich das kein Eisenbahnfreund vorstellen können. Meist traf man sich an der Strecke, um auf eine Dampflok zu warten. Kam dann statt der erwarteten 44er beispielsweise eine »Taigatrommel«, also eine sowjetische Großdiesellok der BR 120, angedröhnt, sank die Stimmung von einem Augenblick auf den anderen auf den Nullpunkt. Drückte trotzdem einer der Fotografen auf den Auslöser, erntete er nur verständnisloses Kopfschütteln seiner Begleiter. Gab es doch »Wummen«, wie diese äußerst robusten Lokomotiven auch genannt wurden, fast überall in großer Zahl zu sehen. Während diese Maschinen den schweren Güterverkehr bewältigten, waren 118er als Universalloks vor fast allen Zuggattungen anzutreffen. Auf den Nebenbahnen beherrschten die 110er das Feld, im Rangierdienst die 106er und im schweren Reisezugdienst mehr und mehr die ebenfalls aus sowjetischer Produktion stammenden dieselelektrischen Lokomotiven der BR 132. Wir konnten uns damals gar nicht vorstellen, dass sich an der beherrschenden Stellung dieser Baureihen in absehbarer Zeit etwas ändern würde. Warum sollte man solche Loks fotografieren?

Nur für die Exoten konnten sich auch einige Dampflokfreunde begeistern. So war eine 118 mit Vollsichtkanzel schon etwas Besonderes, da insgesamt nur drei Lokomotiven dieser Bauart existierten.

Auch bei einer 103, der ehemaligen V 36, die man nur in der Umgebung von Wismar und Neuruppin fand, oder bei einer 107, der Importlok aus der CSSR, die im Großraum Leipzig im Einsatz war, wurde schon mal auf den Auslöser gedrückt. Die Triebwagen der Vorkriegsbauarten, die bereits Mitte der 70er-Jahre schon auf der Ausmusterungsliste standen, fanden ebenfalls unser Interesse. Auf einigen Strecken wurden einstige Bei- und Steuerwagen noch hinter einer Diesellok der Baureihe 101 oder 102 eingesetzt.

Die Schnelltriebwagen der Bauarten »Köln« und »Görlitz« waren schon damals gesuchte Motive, hoben sie sich doch mit ihrer farbenfrohen Lackierung vom Park der meist grünen Reisezugwagen ab und ein Zuglaufschild mit dem Ziel »Wien« weckte außerdem unterdrückte Sehnsüchte. Dass diese Triebwagen früher auch nach Kopenhagen, Malmö, Budapest oder Brest gefahren waren, wusste unsere Generation nur aus Erzählungen der Älteren. Doch auch eine Fahrt nach Karlovy Vary, Leipzig oder Bautzen mit einem SVT war ein besonderes Erlebnis, verkörperten diese Züge doch den höchsten Luxus, den die DR im Schnellverkehr bieten konnte. Dieser Komfort fehlte den LVT der Baureihen 171 und 172, allerdings waren auch die roten »Ferkeltaxen« das eine oder andere Bild wert.

Ein anderes Thema waren für uns Berliner elektrische Lokomotiven. Da das elektrifizierte Streckennetz der DR Anfang der 80er-Jahre noch nicht bis nach Berlin ausgebaut war, kamen wir relativ selten mit den E-Loks in Berührung. So interessierten sich einige von uns schon mal für eine 211, 242 oder 250. Allerdings hielt sich die Begeisterung in Grenzen, da die Lokomotiven in großen Stückzahlen existierten. Wie so oft, setzte erst ein Interesse ein, als die Maschinen der BR 211/242 zunehmend die bordeauxrote DR-Einheitslackierung erhielten. Die wenigen grünen Exemplare wurden deshalb noch schnell auf Zelluloid gebannt. Eine Begegnung mit einer 244, 254 oder gar einer 218 sahen viele Fotofreunde als Glücksfall an. Weil abzusehen war, dass diese Altbau-Loks in nicht allzu ferner Zukunft aus dem Plandienst ausscheiden würden, wurden sie gern fotografiert. Neben dem elektrifizierten Netz in Sachsen und Thüringen gab es seit Mitte der 60er-Jahre einen elektrischen Inselbetrieb im Harz, der statt mit den üblichen 16 2/3 Hz, 15 kV mit 50 Hz, 25 kV aus dem Landesstromnetz betrieben wurde. Die dort eingesetzten Lokomotiven der BR 251 sahen den Loks der BR 211/242 recht ähnlich und dürften deshalb, wie diese, keine große Fangemeinde gehabt haben.

Nicht nur die Lokomotiven der DR wurden Anfang der 80er-Jahre neu lackiert, auch Nahverkehrsfahrzeuge und Wagen erhielten Anstriche nach neuen Grundsätzen. Die Berliner Nahverkehrsmittel bekamen eine einheitlich Grundfarbe und eine zweite spezifische Farbe, die weitgehend der bisherigen Farbgebung des Verkehrsmittels entsprach. Farbig abgesetzte Türen sollten einen schnelleren Fahrgastwechsel ermöglichen. Fünf S-Bahn-Viertelzüge erhielten versuchsweise die neue Lackierung, die ihnen den Spitznamen »Zirkuszug« einbrachte. Bei dem hier in Betriebsbahnhof Berlin-Rummelsburg zu sehendem Zug der BR 277 ist die ungewöhnliche Lackierung, die sich nicht durchsetzen konnte, gut zu erkennen. Foto: Wolfgang Dath

Ein besonderes Kapitel bildete die mit Gleichstrom betriebene Berliner S-Bahn. Im recht eintönigen Park der »Stadtbahner« und »Olympiazüge« sowie deren Nachfolger, den 277ern, gab es auch einige Besonderheiten. Da waren mit etwas Glück mal die Passviertel zu sehen, die sonst nur in Zugmitte liefen, da sie nicht für den Einmannbetrieb ausgelegt waren. Auch der »Jumbo«, das elektrische Schleppfahrzeug des Raw Berlin-Schöneweide, oder die ehemaligen »Peenemünder«, die nun aufgrund ihres Zuglaufs »Miniotto« genannt wurden, waren von Interesse. Etwas

Diese Deutz-Kleinlok mit dem übergroßen Pufferteller diente dem Kopierwerk Berlin-Johannistal, um Kohlewagen im Heizkraftwerk zu verschieben. Hier weilt die Maschine am Ende ihrer Laufbahn im August 1988 auf den Gleisen der Wagenausbesserungsstelle Schöneweide. In der Zufahrt zum Bw Schöneweide über den Stellwerksbezirk Swm war ein reger Verkehr modernerer Maschinen. Foto: Lutz Bastubbe

Lok 2000 hieß dieses umstrittene Kunstwerk aus Teilen der ausgemusterten Heizlok 44 227 des Bw Berlin-Lichtenberg. Mit der Umbenennung des Berliner Ostbahnhofes in »Hauptbahnhof« erhielt die Vorhalle dieses »Schmuckstück«. Mit der erneuten Umbenennung verschwand dieses Relikt ehemaliger DDR-Kunst. Das Foto entstand am 9. September 1989. Foto: Lutz Bastubbe

Eine Besonderheit im Einerlei der Reichsbahnfarben bot 1982 noch die Leipziger S-Bahn. Die gelb-blaue Farbgebung war eine Sonderlackierung, die nur in Leipzig zu finden war. An der Kreuzung mit dem Güterring erreicht ein solcher Zug Leipzig-Möckern. Foto: Lutz Bastubbe

Ausgefallenes war für uns die Leipziger S-Bahn, wich doch die Lackierung ihrer Wendezüge einige Jahre von den üblichen Farben der DR erheblich ab. Seltenheitswert besaßen die Gleichstrom-Triebwagen, die in Buckow und Lichtenhain anzutreffen waren.

Ausländische Lokomotiven waren relativ selten auf den Gleisen der DR zu sehen. Für uns erreichbar waren die Dielselloks der PKP und die der ČSD, auch auf dem Gebiet der DDR. In der Gegend um Zittau gab es obendrein manchmal einen tschechischen Triebwagen im Korridorverkehr zu sehen. Da auf den Grenzbahnhöfen das Fotografieren nicht gern gesehen wurde, ließ man es lieber sein. Nur wenn mal in Zittau, Forst oder Görlitz eine Dampflok der benachbarten tschechischen oder polnischen Eisenbahn-

Das Raw »Otto Grotewohl« Dessau arbeitete bei der DR die elektrischen Lokomotiven auf. Im September 1984 überführte 112 473 zwei E-Loks der Rübelandbahn in das Heimat Bahnbetriebswerk Blankenburg (Harz). Dieses Foto entstand bei Halberstadt im Ortsteil Spiegelsberge. Foto: Lutz Bastubbe

verwaltungen ČSD oder PKP zu sehen waren, ging der eine oder andere schon einmal das Risiko ein, verhaftet zu werden. Zeitweise liefen Diesellokomotiven der PKP aber auch weit bis in das Gebiet der DR hinein. So kamen die SP 45 aus Polen mit Schnellzügen bis nach Berlin. Als Ausgleich fuhren 118er bis nach Zbaszynek (Neu-Bentschen) und Posznan (Posen). Dagegen blieben die DB-Diesel- und E-Lokomotiven auf den Bahnhöfen Oebisfelde und Probstzella für uns unerreichbar. Ebenso verhielt es sich mit den DR-Lokomotiven in Berlin (West) und in der BRD. Nur wenn manch guter Eisenbahnfreund aus dem anderen Stadtteil ein Dia für die eigene Sammlung beisteuerte, konnten wir uns ein Bild davon machen, wie es jenseits des »Eisernen Vorhanges« aussah.

Mit interessanter Ladung war 120 258 auf der Görlitzer Bahn in Zeuthen unweit des Stellwerkes Znw im Jahr 1983 unterwegs: Die fabrikneuen Ikarus-Gelenkbusse aus Ungarn waren für den Linienverkehr in der Hauptstadt Berlin bestimmt und der Schmalspur-Reisezugwagen aus Zittau rollte zum Reichsbahn Ausbesserungswerk Perleberg. Foto: Lutz Bastubbe

Rechts unten: 120 093 vom Bw Senftenberg durchfährt im Sommer 1985 in neuer DR-Farbgebung mit einem Güterzug in Richtung Heimat den Haltepunkt Zeesen auf der damaligen Kursbuchstrecke 200 bei Königs Wusterhausen. Foto: Lutz Bastubbe

Das Bw Eberswalde beheimatete über viele Jahre hinweg Lokomotiven der BR 120. Zumeist wurden schwere Güterzüge auf den vom Bahnhof abgehenden Strecken gezogen. Selten waren Einsätze im Personenzugdienst, da ihnen eine Zugheizung fehlte. 120 302 wartet außerhalb des Bw auf weitere Einsätze. Den Personenzug aus dreiachsigen Reko-Wagen bespannte sie allerdings in diesem Falle trotz der Hoffnung des Fotografen nicht. Foto: Michael Reimer

Oben: Bei dem Besuch des Lokfriedhofs in Meyenburg entstand 1980 dieses Erinnerungsfoto. Nach einem Unfall diente 50 4088, die letzte für die DR gebaute Dampflokomotive, bis zum Ablauf der Fristen noch als Heizlok. Der angeschweißte Steg lud zu einem Gruppenfoto ein. Foto: Lutz Bastubbe

In den USA war der Bahnhof Berlin-Lichterfelde West bekannter als der Bahnhof Berlin Zoologischer Garten. Kein Wunder, denn in Lichterfelde war der Bahnhof der amerikanischen Alliierten. Im Gegensatz zu den anderen Alliierten nutzten diese sogar ein eigenes Triebfahrzeug, den einstigen VT/VS 608 801 der DB. In Berlin war er zumeist nur in den Nachtstunden dort abgestellt. In den frühen Morgenstunden des 3. Februar 1985 fuhr er wieder einmal zum Hauptquartier nach Heidelberg. Heute ist er auf dem Posthof dieser Stadt abgestellt. Foto: Ronald Broschat

Links unten: Eine interessante Sache war am 12. April 1989 beim Spaziergang entlang der Schmalspurbahn Freital-Hainsberg nach Kurort Kipsdorf auf den Schwellen in Höhe von Obercarsdorf zu beobachten. Schon beim Betreten der verfaulten Schwellen tanzten die losen Schienennägel. Als später 99 1771 darüber fuhr, war ein gleichmäßiges eisernes Klingelgeräusch vernehmbar. Foto: Lutz Bastubbe

Mit den Nostalgiefahrten quer durch Berlin (West) gewann die Deutsche Reichsbahn im Westteil nur bedingt Sympathien, aber zumindest waren bei den Fahrten mit der 74 1230, 38 205, 38 1182, 01 137, 18 201 und 03 1010 die Züge stets voll, somit auch die Kassen mit Devisen. 38 1182 des Bw Gera, besetzt mit Wustermarker Passpersonalen, durchfährt am Morgen des 17. März 1986 als Lzz 21 473 den Grenzbahnhof Staaken und erreicht das Territorium der Stadt Berlin (West).
Foto: Ronald Broschat

Vor zwei Jahrzehnten ein Novum – eine Dampflokomotive zeigt sich im »besonderen politischen Gebiet Berlin (West)«: Die 74 1230 machte im November 1984 den Auftakt zu weiteren Rundfahrten mit historischen Fahrzeugen durch das Stadtgebiet. Im Dreieckskurs wurden Wannsee und Spandau erreicht. Am 3. November wartet der P 21613 im Bahnhof Berlin Zoologischer Garten auf Ausfahrt. Für die Transitzüge in die BRD genügten damals die kurzen Bahnsteige. Foto: Ronald Broschat

Am 11. September 1983 wurde die 118 179 eingesetzt, um den 175 006 aus dem Raw Wittenberge nach Berlin-Rummelsburg in die Heimat-Dienststelle zu holen. Im Bahnhof Berger Damm musste das Lokpersonal jedoch eine längere Pause einlegen, da der Bahnhof Nauen an diesem Tag aufgrund von Elektrifizierungsarbeiten teilweise gesperrt und damit völlig überlastet war. Es war über Stunden nicht möglich, die Überführungsfahrt durch das Nadelöhr Nauen zu schleusen! So erreichte das Personal der 118er, das seit dem Abend des Vortages im Dienst war, die Heimatdienststelle erst wieder am späten Nachmittag und beendete erst 16 Stunden nach Dienstbeginn seine Schicht. Foto: Wolfgang Dath

Der 8. Mai wurde in der DDR als der Tag der Befreiung gefeiert. Am 8. Mai 1987 zog die 118 533 den Lrv 5919, also den Leerreisezug vom P 5919, von Kietz nach Strausberg. In der Nähe von Trebnitz fährt der Zug durch den Oderbruch, in dem die Sowjetarmee 42 Jahre zuvor in schweren Kämpfen den Durchbruch nach Berlin erzwungen hatte. Der Kühlwagen hinter der Lok diente der Beförderung von Gemüse und lief von Strausberg aus als Güterzug weiter zum Wriezener Bahnhof in Berlin, der damals noch eine wichtige Rolle bei der Versorgung der Hauptstadt mit Lebensmitteln spielte. Ab Fredersdorf diente dieser Zug auch dem Transport von Schadwagen für das RAW Revaler Straße. Foto: Wolfgang Dath

Viele Eisenbahnfreunde waren ab 1978 sehr erstaunt darüber, dass es immer noch Lokomotiven gab, die nicht nach dem EDV-Schema, sondern mit den vor 1970 gültigen Nummern bezeichnet waren, wie V 200 504, die hier im Bogendreieck bei Riesa angetroffen wurde. Erst später erfuhren wir, dass es sich bei der Lok um eine von der SDAG Wismut angemietete Maschine handelte. Foto: Wolfgang Dath

Bis zur Elektrifizierung des Berliner Außenringes waren sie im Vorortverkehr unverzichtbar, die B'B'-Maschinen der Baureihe 118. Die 118 086 verlässt mit ihrem als »Sputnik« bezeichneten Nahverkehrszug Berlin–Werder (Havel) den Bahnhof Bergholz im Mai 1981. Den Namen »Sputnik« erhielten die Züge, weil sie wie Satelliten im Weltraum das Stadtgebiet von Berlin (West) auf dem Berliner Außenring umkreisten. Foto: Lutz Zschage

Etwas Abseits gelegen und daher wenig in der Öffentlichkeit bekannt war das Bahnbetriebswerk Berlin Ostbahnhof. Quasi im Hinterhof des Berliner Ostbahnhofes gelegen, waren hier die Baureihen 132, 118 und 106 beheimatet. 118 123 wartet im Jahr 1978 auf ihre nächste Instandhaltungsstufe.
Foto: Lutz Zschage

Selten war es möglich, ungestört Unfall-Lokomotiven zu fotografieren. Günstige Gelegenheiten boten sich, wenn man aus beruflichen Gründen zu Aufräumungsarbeiten heran gezogen wurde. Die 118 584 wird nach ihrem Unfall vom 5. Juli 1983 am Abzweig Glasower Damm im Bahnhof Flughafen Berlin-Schönefeld für die Überführung ins Bahnbetriebswerk Berlin Ostbahnhof vorbereitet.
Foto: Lutz Zschage

Recht unscheinbar wirkt das kleine Stellwerk W2 am östlichen Berliner Innenring in der Nähe des Containerbahnhofes Frankfurter Allee, das noch bis Mitte der 80er-Jahre als »Sln – Berlin Stalinallee Nord« in den Betriebsunterlagen der DR geführt wurde. In der nördlichen Ausfahrt des Containerbahnhofes macht sich im Sommer 1980 eine Baureihe 106 der ersten Lieferserie nützlich, während der auf dem Innenring verkehrende Bauzug, gebildet aus Skl der Bauart »Schöneweide« und Kö zu einem Bild animierte. Foto: Lutz Zschage

Oben: Die Arbeitstiere auf den Bahnhöfen der DR waren die Lokomotiven der BR 106/105, wegen ihrer Farbgebung auch liebevoll »Goldbroiler« genannt. 105 062 hat gerade ihre Rangieraufgaben am D 270 »Meridian« beendet. Die Baureihenbezeichnung 105 wurde notwendig, weil die verfügbaren Nummern in der Baureihe 106 aufgebraucht waren. Im Hintergrund kocht die Stralsunder 03 0019 Dampf, um gut für die Fahrt nach Saßnitz gerüstet zu sein.
Foto: Lutz Zschage

»Franzosenzug« hieß er kurz und bündig: Die französischen Alliierten nutzten diese Verbindung vom Bahnhof Berlin-Tegel nach Frankreich. Im Jahr 1988 entstand an einem Sommerabend dieses Foto am stillgelegten Stellwerk am Charlottenburger Güterbahnhof. Kurz darauf rollte die 118 386 durch Berlin-Grunewald, Wannsee und erreichte die Transitstrecke. Foto: Uwe Dittrich

Feiertage waren immer eine gute Gelegenheit für Exkursionen im bunten Reichsbahnland. Außerdem boten sie durch den umfangreichen Sonderverkehr eine gute Gelegenheit, außergewöhnliche Fahrzeuge vor die Linse zu bekommen. Am 1. Mai 1979 gelang der Schnappschuss von der 118 059 in Halberstadt, einer von den drei Sonderlingen in dieser Baureihenfamilie. Sie wurde im März 1965 unter der Betriebsnummer V200 1001 in blau/silberner Farbgebung auf der Leipziger Messe erstmals der Öffentlichkeit präsentiert. Die DR übernahm sie wenig später als V 180 059 im üblichen rot/beige. Foto: Lutz Zschage

Von Cottbus zum Triebwagentreffen des DMV in Beeskow fuhr am 6. Oktober 1975 der 173 002. Zwei Exemplare, beide jedoch unterschiedlich gebaut, waren stets zum Einzelgängerdasein auf den Nebenbahnstrecken in der Cottbuser Direktion verdammt. Viele Einsätze gab es nicht. Die Sonderfahrt war bereits ein Höhepunkt, kurz darauf folgte die Ausmusterung. Aber das Fahrzeug blieb auf Irrwegen erhalten. Foto: Mattis Schindler

Rechts unten: Anfang der 80er-Jahre war der Führerstand in einem der in Berlin-Karlshorst abgestellten SVT der Bauart »Köln« schon etwas angestaubt. Wenig später wurde der Triebwagen, der zum Zeitpunkt der Aufnahme noch als Reserve diente, nach Ludwigsfelde überführt und diente fortan als Aufenthalts- und Abstellraum für die Eisenbahner, die für die Elektrifizierung der Strecken im Berliner Raum zuständig waren. Foto: Wolfgang Dath

Oben: Wenn wir von Berlin auf Reisen gingen, konnte an manchen Tagen vor der Abfahrt noch etwas Interessantes fotografiert werden. Doch was kam da durch den Bahnhof Berlin-Schöneweide angebrummt? Ein SVT der Bauart »Köln«, der 182 009/010! Ein Sonderzug oder noch im Plandienst nach Bautzen? Hobbyliteratur, die uns das berichtete hätte, gab es im Jahr 1977 noch nicht! Foto: Michael Reimer

Spindlersfeld
02

Am längsten konnten sich die Loks der BR 244 im Einsatzbestand halten. Letzte 244er verrichteten bis Juni 1991 Rangierdienst in Braunsbedra, Gaschwitz und Weißenfels. Auf der Strecke waren sie aber schon Mitte der 80er-Jahre eine Seltenheit. Nur wenige Umläufe waren noch planmäßig mit den Lokomotiven zu fahren. Für eine solche Aufnahme, wie von der 244 127 in Leipzig in der Nähe des Bayrischen Bahnhofs, benötigte man schon etwas Glück. Foto: Peter Götze

Links: Auch bei der Berliner S-Bahn machten sich in den 80er-Jahren die Einzelgänger rar. Es gehörte schon viel Glück dazu, den ehemaligen ET 125 001 noch im besten Sonnenlicht zu fotografieren. In diesem Fall hatte allerdings der Tipp eines Freundes dazu beigetragen, dass der 276 035 auf dem Weg von Blankenburg nach Spindlersfeld im Bahnhof Schönhauser Allee fotografiert werden konnte. Der ET 125 001 wurde 1935 unter der Betriebsnummer 3796 (später 4501) geliefert. Als Bankierzug fuhr er mit 120 km/h in Berlins Außenbezirke. Nach 1984 kam der Zug in den Ostteil der Stadt und ist heute in der Monumentenhalle des Deutschen Technik Museums zu bewundern. Der S-Bahnsteig wird heute von den Allee-Arkaden überdeckt. Foto: Wolfgang Dath

Auch die bis in die 70er-Jahre bei der DR unverzichtbaren »Krokodile«, die 254er, waren durch die 250er entbehrlich geworden. 1979 verkaufte die DR zwei dieser Lokomotiven, die 254 057 und 058, an das Braunkohlenkombinat Bitterfeld. Bis 1982 folgten noch zwei weitere Loks. So waren die Fotografen natürlich erfreut, wenn sie noch eine der vom Bw Engelsdorf eingesetzten Maschinen vor die Linse bekamen. Noch spektakulärer war das Zusammentreffen von zwei »alten Damen«, wie hier das der 254 016 und 244 128 am 7. Mai 1984 in Gaschwitz bei Leipzig. Foto: Peter Götze

Rechts unten: Auch das war ein Fahrzeug der Deutschen Reichsbahn: Der Tatra-Schlepper des Kraftwagen Bahnbetriebswerkes Berlin-Pankow steht mit einem leeren Culemeyer geparkt am Straßenrand der Wisbyer Straße an der Grenze der Berliner Stadtbezirke Pankow und Prenzlauer Berg. Foto: Wolfgang Dath

Heizlokomotiven und Dampfspender – das waren doch zumeist Lokomotiven der Reihen 22, 44, 52 oder 58. In Herzfelde bei Strausberg standen gleich drei interessante Objekte: 52 1444 in einer Ziegelei; die 35 1057 und die 38 234 schienen nahezu unerreichbar zu sein. Sie standen auf einem Armeegelände der Nationalen Volksarmee. Doch in den 80er-Jahren war derartiges bereits eine Besonderheit, geradezu ein Muss, wenn man nicht nur die wieder unter Dampf gesetzten 38 205 und 35 1113 sehen wollte. Mit dem Wachposten wurde ich handelseinig, zwei Flaschen »Klaren« (Schnaps) rasch aus dem Konsum (Verkaufsstelle) geholt und für wenige Minuten ließ er das »strategisch wichtige Gerät zum Erhalt des Friedens« außer acht. Schließlich musste er die Flaschen verstecken. Foto: Michael Reimer

Eine im Sommer 1980 alltägliche Begegnung von Dampf- und E-Traktion auf dem Magdeburger Hauptbahnhof: Während D 443 (Köln–Stendal–Leipzig–Dresden) auf seine Abfahrt wartet, wird der P 6454 von der Oebisfelder 41 1144 bereitgestellt. Heutzutage würde sogar die 211 055, eher schmückendes Beiwerk auf dieser Szenerie, die Herzen vieler Eisenbahnfans höher schlagen lassen. Foto: Lutz Zschage

Das LEW »Hans Beimler« in Hennigsdorf lieferte für Berlin die U-Bahn-Fahrzeuge. Eine Wustermarker 106 überführt einen Viertelzug der Reihe G I für das Kleinprofilnetz mit einer Spezialkupplung einmal rund um Berlin, um ihn dann auf die Gleise der U-Bahn (BVB) zu überstellen. Beim Zwischenhalt in Hohen Neuendorf West – ein schnellerer Zug überholte – fällt besonders das unterschiedliche Profil auf. Im November 1989 war schließlich der letzte G I-Zug an die BVB ausgeliefert. Foto: Michael Reimer

Jahrelang schlummerten viele historische Fahrzeuge im Baumuseum im ehemaligen Hamburger Bahnhof in Berlin an der Invalidenstraße. Es war aufgrund eines alliierten Beschlusses nicht zugänglich. Erst die Verhandlungen von 1984 ermöglichten eine Veränderung. Das alte Museum wurde geräumt, die Exponate kamen in das im Aufbau befindliche Deutsche Technik Museum in den Hallen des Bw Anhalter Bahnhof. Eine Kleinlok der BR 101 schleppt gerade die »Pfalz« in ihr neues Domizil. Weitere Lokomotiven folgten. Foto: Ronald Broschat

So war der Betrieb bei der Reichsbahn – alle Gleise besetzt. Eine Pankower 120 überholt am 14. März 1984 einen Kieszug, bespannt mit der 52 8132 des Bw Eberswalde. Im Hintergrund wartet eine 118 mit ihrem Zug zum Zentralviehhof, und pünktlich verlässt ein Zug der Stadtbahnbaureihe 275 die Station Leninallee. Außerplanmäßig ist es ein Umlauf der Zuggruppe »Cäsar«, die wegen Bauarbeiten nicht zur Friedrichstraße, sondern über einen Teil des Innenrings verkehrte. Heute sind nicht nur die Fahrzeuge verschrottet, auch der Bahnhof mit seinen Gleisanlagen hat sich mächtig gewandelt. Das Stellwerk »Lst« und der Anschluss zum Viehhof sind rückgebaut, bereits zu DDR-Zeiten wich der alte Zugang einem behindertenfreundlichen, an dem allerdings wegen Straßenbauarbeiten noch bis heute gebaut wird. Selbst der Lenin und seine Allee sind heute Geschichte, der S-Bahnhof und die Straße heißen jetzt Landsberger Allee. Foto: Michael Reimer

Um von Berlin nach Wustermark zu kommen, musste man eine lange Reise auf sich zu nehmen: Zunächst mit der S-Bahn nach Birkenwerder, dann mit dem Doppelstockzug nach Falkenhagen, von dort weiter mit der »Ferkeltaxe« zu unserem Endpunkt. Am 8. Mai 1984, dem Tag der Befreiung in der DDR, war auch dieser kleine Bahnhof entsprechend geschmückt. Heute fahren die RE-Züge dort durch, der Bahnhof ist verwaist, der interessante Fahrtrichtungsanzeiger verschrottet. Wustermark erreicht man inzwischen in der Hälfte der Zeit – doch was will man jetzt dort? Das Bw ist verschlossen und auf dem großen Rangierbahnhof stehen nur noch wenige Güterzüge. Foto: Michael Reimer

Für den Film »Der Sieg« standen im Mai 1984 im Bahnhof Storkow südlich von Berlin zwei Züge, bespannt mit den Berlinern 52 4966 und 52 6666, bereit. Auf der Ladestraße feierten die Rotarmisten ihren Sieg über Hitler-Deutschland, dann fuhr der Zug ab. An dieser Szene drehte das sowjetische Team eine Woche – im Film waren es dann wenige Sekunden. Für uns Eisenbahner lohnte sich diese Statistenrolle, denn neben dem Lohn der Bahn gab es noch ein gutes Entgelt und freie Verpflegung von der Filmfirma. Foto: Michael Reimer

Die Reichsbahn war oft Filmkulisse. Szenen aus der Kriegszeit mit dem Zug reisenden Widerstandskämpfern gehörten dazu. Im Dresdner Hauptbahnhof wurde im Winter 1985 eine derartige Reise nachgestellt. Für den Zwickauer Traditions-Eilzug gab es ebenso viele Statistenrollen. Inzwischen sind die Wagen auf verschiedene Standorte verteilt und bald nicht mehr einsatzfähig.
Foto: Michael Reimer

Am 19. Mai 1979 führte eine Sonderfahrt des DMV nach Müncheberg (Mark). Dabei kam es zur Freude vieler Teilnehmer zur Begegnung mit den planmäßig auf der Strecke nach Buckow in der Märkischen Schweiz eingesetzten Triebwagen 279 005 und 279 003 mit dem zwischengekuppelten Beiwagen 279 002. Wenige Monate später wurden die 1930 in Dienst gestellten Fahrzeuge grundlegend modernisiert. Durch den neuen Wagenkasten, der im Raw »Roman Chwalek« Berlin-Schöneweide auf das Fahrgestell aufgebaut wurde, verloren die Triebwagen »ihr Gesicht«. Im Inneren wurde es nüchtern, Gepäcknetze, Polstersitze uvm. verschwanden. Foto: Wolfgang Dath

Bei Ruhlsdorf-Zerpenschleuse überquert am 12. Mai 1984 eine fünfteilige LVT-Einheit den Schifffahrtskanal in Richtung Oder. Da der Kanal erweitert wird, ist vor einigen Jahren die bemerkenswerte Bogenbrücke einem Neubau gewichen. Der Einsatz der LVT auf der Heidekrautbahn war das Beschäftigungsfeld der Triebwagen der Einsatzstelle Basdorf. Noch etwa ein Jahrzehnt sollten sie dort rollen, bevor verschiedene Wendezüge oder jetzt wieder Triebwagen im Einsatz sind. Foto: Michael Reimer

Als Weiterentwicklung der BR 102.0 wurde ab 1970 von der DR die 102.1 beschafft, die aufgrund ihres Aussehens bald den Spitznamen »Gartenlaube« bekam. Am 19. Dezember 1978 beförderte die 102 134 den Pendel zwischen Mahlow und Blankenfelde (Kr. Zossen) auf der drei Kilometer langen KBS 118, die die Anbindung des seit 1961 vom elektrifizierten S-Bahnnetz abgetrennten Bahnhofes Mahlow an das Netz der DR sicherstellte. In Richtung Mahlow wurde dieses Gespann übrigens geschoben. Der dann an der Spitze des Zuges laufende Führerstand des Steuerwagens wurde im Schiebebetrieb von der Schaffnerin besetzt, die die Strecke beobachtete und im Notfall den Zug auch mittels Führerbremsventil anhalten konnte. Foto: Wolfgang Dath

Rechts unten: Nach einem Unfall in Lehnitz bei Oranienburg am 8. April 1986 stand 118 556 des Bw Neubrandenburg unter einer Plane versteckt auf dem Schutzgleis. Einen Monat später passierte 52 6666 die Unfalllokomotive am damaligen Behelfsstellwerk. Die 118 wurde noch im gleichen Jahr ausgemustert und im Februar 1987 zerlegt. Foto: Lutz Bastubbe

Um das Stellwerk Rs II in dem Bahnhof Berlin-Rummelsburg mit Kohlen zu versorgen, konnte man Anfang der 80er-Jahre schon mal die Rangierlok mit einem SKL-Beiwagen kuppeln. Im Hintergrund ist der fast abgetragene Triebwagenschuppen des T-Bw Berlin-Karlshorst zu erkennen, der wie auch das Stellwerk Rs II einer durch die Bundesrepublik Deutschland finanzierten neuen Wagenhalle weichen musste, die helfen sollte, den Pflegezustand der Züge im Verkehr nach West-Berlin zu verbessern. Foto: Wolfgang Dath

Vergangenheit zum Ende der Reichsbahnzeit: Die Karriere des ET 25 und der als Heizlok missbrauchten E 04 war bereits viele Jahre zuvor zu Ende gewesen. Dennoch überlebten beide fast unbemerkt neben dem Rechteckschuppen im Bw Halle P. Im Oktober 1987 war das noch ein alltägliches Bild für die Hallenser, jedoch ein Berliner musste das auf Film bannen. Foto: Michael Reimer

Anfang der 80er-Jahre begannen Mitarbeiter der DR an der Lackierung der Lokomotiven zu sparen. So fielen bei einigen Lokomotiven mit der Neulackierung im Raw die hellen Zierstreifen an den Seitenwänden weg. Auf dem Bild ist 118 545 als eine dieser Maschinen am 18. Oktober 1984 in Berlin-Rummelburg abgebildet. Neben dieser Lok steht die 1983 versuchsweise an der Stirnseite und im Rahmenbereich neu gestalteten 118 585. Glücklicherweise setzte sich diese Lackierung nicht durch und wurde auch an der 118 585 im Jahr 1988 wieder entfernt. Foto: Wolfgang Dath

Links unten: Beim Zerlegen dieses 410 PS starken Diesel-VT (ehemaliger VT 137 198, ab 1970 der 185 018) im Bw Frankfurt (Oder) Vbf wird keiner der Eisenbahner an seinen historischen Wert gedacht haben. Das Schrottsoll musste erfüllt werden. Jahrelang stand der VT in einer Ecke, dann folgte Ende der 80er-Jahre seine Zerlegung. Foto: Michael Reimer

Auf den Franzburger Kreisbahnen hatte bereits 1935 der Betrieb mit Triebwagen begonnen. Mit den zwei, direkt für diese Bahn beschafften, bei der DR als 137 531 und 532 bezeichnet, und den drei französische Triebwagen 137 562, 563 und 564, die es im Zweiten Weltkrieg nach Barth verschlagen hatte, bewältigten die Eisenbahner über viele Jahre einen großen Teil des Personenverkehrs auf dieser Schmalspurbahn. Anfang der 50er-Jahre kam noch der 137 521 aus Gera nach Barth. Zwei der Triebwagen waren zwar zu Steuerwagen umgebaut worden, ansonsten blieben die wirtschaftlichen Triebwagen aber bis zur Stilllegung der Bahn im Einsatz. Noch 1976 stand im Bahnhof Barth ein Sammelsurium dieser Fahrzeuge. Foto: Wolfgang Dath

Auf dem Weg von Seddin nach Brandenburg (Havel) passierten am 7. März 1986 die 52 8178 und 120 370 den damaligen Potsdamer Hauptbahnhof. Viele Wehrdienstleistende der Nationalen Volksarmee kennen diesen Bahnhof als unbequemen Zwangsumsteigebahnhof von ihren stundenlangen Heimreisen. Heute heißt dieser Bahnhof Potsdam-Pirschheide, der obere Bahnhof auf dem Berliner Außenring ist stillgelegt. Der einstige Bahnhof Potsdam Stadt wurde nach einem Neubau zum neuen Hauptbahnhof. Foto: Lutz Bastubbe

4. Sparsam mit jedem Liter – als das Öl knapp wurde

Spare jeden Pfennig, koste es was es wolle«. Diese typische DDR-Losung musste herhalten, als 1981/82 der Ölpreis drastisch stieg und dieser wertvolle Rohstoff in allen Bereichen der DDR-Wirtschaft eingespart werden musste, auch bei der Reichsbahn. Was war der Grund für diesen dramatischen Wandel? Die an fossilen Brennstoffen arme DDR war abhängig von den Erdöllieferungen aus der UdSSR. Trotz brüderlicher Festpreise geriet bald das Wirtschaftsgefüge ins Wanken: Der Weltmarktspreis stieg und auch der »große Bruder« erhöhte seine Preise, gleichzeitig sank die Menge des gelieferten Öls. Den staatlichen Wirtschaftslenkern blieb nichts anderes übrig, als möglichst viel von dem wertvollen Brennstoff einzusparen. Außerdem erkannte man, dass eingespartes Öl wieder in dringend benötigte Devisen eingewechselt werden konnte. Aufgrund dieser wirtschaftspolitischen Entwicklung entsann man sich bei der Reichsbahn gezwungenermaßen auf Dampflokomotiven, auf kohlegefeuerte wohlgemerkt. In den Bw Sangerhausen, Nordhausen, Saalfeld und Eberswalde wurden zunächst die Vorräte in den Öl-Tendern der Dampflokomotiven verbraucht. Um weiterhin alle Leistungen zu erbringen, erhielten diese Bw zumeist Lokomotiven der BR 52, mit Ausnahme von Saalfeld, das die BR 01 erhielt. Auch Angermünde erhielt die Reko 52. Dort bestand lange ein Mischplan, in dem zwei Öl-50er weiter mitliefen. Während die zusammengesuchten Altbau- und Reko-01er in Saalfeld die Aufgaben ihrer Öl-Schwestern kurzfristig übernehmen konnten, sah es anderswo kritisch aus: Eine 52 sollte eine 44 oder 50 Öl ersetzen? Die Heizer mussten sich erst wieder an den Umgang mit der Schaufel gewöhnen. Viel Lehrgeld war zu zahlen. Die Bw Sangerhausen und Nordhausen setzten die 52 zumeist vor Personenzügen auf den Nebenstrecken ein und sparten auf diese Weise Öl. Im Güterzugdienst röhrten nun statt der »Öl-Jumbos« der BR 44 die Diesellokomotiven.

Aber auch in anderen Dienststellen wurden Dampflokomotiven reaktiviert, und so manche Überraschung war dabei zu erleben:

- Die Museumslokomotive 86 1001 übernahm alle Züge zwischen Schlettau und Crottendorf, später kamen die 86 1333 und 1501 hinzu.
- Im so genannten »Altherrenplan« setzte das Bw Altenburg wieder eine 52 ein. Weitere Bw, wie Zeitz, Nossen, Wustermark folgten. Glauchau erhielt für die ausgemusterten Reko-58 nun 50er. Das Bw Nossen schickte sogar die Museumslokomotive 35 1113 freitags und sonntags vor dem Eilzugpaar 944/947 bis nach Dessau.
- Die Bw Karl-Marx-Stadt (BT Hilbersdorf) und Falkenberg reaktivierten ihre Bestände und setzten ihre Maschinen auf vielen Strecken wieder ein.
- Zahlreiche ölgefeuerte 44er wurden auf Rostbeschickung zurückgebaut, durften jedoch meist nur Heizen. Das betraf auch einige Reko-01er. Die Museumslokomotiven 03 1010 und 95 027 baute man in Raw ebenso auf Kohle zurück.

Im Bahnhof Meiningen waren oft Lokomotiven zu sehen, die noch unlackiert auf Probefahrt gingen. Am 18. März 1982 hat 52 6404 gerade ihre Probefahrt vor dem Personenzug von Eisenach nach Meiningen absolviert und rollt wenig später ins Raw, damit die festgestellten Mängel beseitigt werden können. Foto: Lutz Bastubbe

- 86 1056, Heizlok in Rochlitz, verkehrte vor Personenzügen und 58 3047 dampfte im Muldenthal. Sogar Kohle-44er gingen wieder auf Probefahrt!

Die Informationen zwischen den Eisenbahnfans funktionierten zumeist kurz und erfolgreich, trotz viel gescholtener Post- und Telefonnetze. Nach ein, zwei Jahren kehrte wieder »Normalität« ein. Für das Bw Saalfeld bedeutete der Traktionswechsel auf Diesel das unvermeidliche Dampf-Aus. Zwar fuhren von der unterstellten Einsatzstelle Göschwitz noch einige 41er, doch die große Zeit der »Schwarzen« war endgültig vorbei.
Auch der Einsatz von 50 und 52ern sollte nicht mehr lange dauern. Und in Altenburg oder anderswo fuhren wieder nur Diesellokomotiven. Die Regentschaft von »König Dampf« ging unwiederbringlich zu Ende.

Vor der Kulisse des Altbergbaues rangiert die 86 1049 im Bahnhof Zöblitz-Pobershau. Auf dem Berg stand vermutlich ein Pferdegöpel. Die Reste des Hauses mit dem Türmchen lassen es erahnen. Am 21. Februar 1982 ermöglichten es Eisenbahner und Eisenbahnfreunde, dass die sonst in Pockau-Lengefeld als Heizlok genutzte Maschine einmal auf die Strecke durfte. Die Leistung, eigentlich mit einer 106 bespannt, wurde extra für einige Fotografen organisiert. Damals eine Besonderheit. Aber aufgrund der Ölkrise sollte diese 86 in den nächsten Jahren noch häufiger zu Einsätzen kommen. Foto: Lutz Bastubbe

Auch im Bw Staßfurt kamen die Dampflokomotiven zurück. In festen Plänen kamen bis zu drei 41er wieder auf die Strecke. Zumeist waren es Einsätze bis Magdeburg, Sangerhausen oder »um den Kirchturm« herum. Dass die 41 1148 am 11. August 1985 nach Brandenburg kam, verdankte sie einer Fahrzeugausstellung im Brandenburger Gbf. Das Bw Brandenburg konnte »nur« Diesellokomotiven der BR 105, 110, 118 und die heimliche Starlok 52 8156 stellen. Foto: Michael Reimer

Links: Das Bw Saalfeld sucht Lokheizer. Heute würden sich die Dampflokfans gern im Personalbüro vorstellen, gäbe es dort noch die Baureihen 01 und 41 im Plandienst. Anfang der 80er-Jahre sah es anders aus: Der Nachwuchs verdingte sich auf den Rangierlokomotiven. Die Situation wurde noch prekärer, als rostgefeuerte Maschinen im Bw wieder heimisch wurden. Den Umgang mit der Kohlenschaufel hatten viele Heizer verlernt – oder wollten und konnten sie nicht mehr? Kurzerhand bildete die Leitung des Bw Jugendbrigaden. Für diese Jugend war eine besondere »Kampf- und Planerfüllung im sozialistischen Wettbewerb« auf der 01 zu fahren. Doch so manche Losung täuschte darüber hinweg, dass auch viele »alte« Personale dabei mithalfen. Foto: Michael Reimer

Die frischen Ziffern am Lokschild verraten es: Aus der einst ölgefeuerten 44 0251 entstand im März 1982 die rostgefeuerte 44 1251. Ihre ersten Gehversuche und eine Probefahrt ohne Last absolvierte sie rund um die Raw-Stadt Meiningen. Trotz der betriebsfähigen Aufarbeitung verkamen die meisten 44er als Dampfspender. Im Streckendienst wertvollen Dieselkraftstoff oder Öl einzusparen kam nicht in Frage, die DR verbot zumeist den Einsatz. Statt zu sparen, standen einige 44er sogar ihre gesamte Zeit ungenutzt in einer Ecke eines Bw abgestellt. Die Verteilung auf die Bw war manchmal unverständlich. Foto: Michael Reimer

Links unten: Das Ende der edlen Renner – 01 0510, 0513, 0517 und 0519 gelangten im Herbst 1982 nach Greifswald. Umgebaut auf Rostfeuerung sollten sie bis zum Ende des Umbaus des Heizhauses die Brauerei und auch Teile der Universitätsklinik der Hansestadt mit Wärme versorgen. Aus geplanten zwei Jahren wurden letztlich sechs. Im Sommer des Jahres 1983 war das Bild schon traurig genug, die Feuer kurzzeitig erloschen. 1989 begann die Zerlegung an Ort und Stelle. Bayerische Eisenbahnfreunde konnten lediglich die 01 0519 retten. Doch der geplante Kauf schlug fehl, denn die DR selbst benötigte das Exemplar: Wieder aufgearbeitet war sie der Gegenwert für den leihweisen Einsatz des VT 601 der Firma Jelka. Foto: Michael Reimer

44er, die jahrelang den schweren Güterzugdienst der DR bewältigt hatten, wurden aufgrund der Ölkrise aufs Abstellgleis geschickt. Die Hoffnungen einiger Eisenbahnfreunde, dass die Maschinen nach dem Umbau auf Rostfeuerung wieder im schweren Güterzugdienst eingesetzt werden würden, zerschlugen sich bald. Die Lokomotiven mussten ihre letzten Jahre als Heizlokomotiven fristen, waren also im Prinzip nur noch mobile Kesselanlagen. Bei vielen 44ern wurde der mittlere Zylinder lahmgelegt, so dass sie sich gerade mal selbst zum Kohlebansen und zum Wasserkran schleppen konnten, andere wurden gar zu nicht mehr betriebsfähigen Dampfspendern, die nur mit fremder Kraft bewegt werden konnten. Die 1983 umgebaute 44 1616 fuhr am 2. Oktober 1986 noch mit eigener Kraft im Bw Bautzen zum Restaurieren. Foto: Wolfgang Dath

Die auf Rostfeuerung zurückgebauten Jumbos der BR 44 kamen nur selten in den Streckendienst. Das Braunkohlenkombinat Geiseltal übernahm im Juli 1982 die einstige 44 0851, richtigerweise als 44 2851 bezeichnet. Im Oktober kam die 44 0278 hinzu. Werksintern führte die Werkbahn sie als Lok 5 und 6. Auch dort sollte im schweren Zugdienst gespart werden. Schließlich folgte im Jahr 1983 der Umbau auf die Kohlenstaubfeuerung. Die Federführung übernahm die eigene Werkstatt von Großkayna, aber auch das Bw Sangerhausen und das Raw Meiningen halfen. Künftig war stets eine staubgefeuerte Maschine im Einsatz. Wegen mangelhafter Wartung traten viele Störungen auf. Die Einsparung von Mineralölen war nun wichtiger als von Dieselkraftstoff – eine Trendwende gegen die Dampflokomotiven. Im zweiten Betriebsjahr standen beide wieder abgestellt.
Fotos: Michael Reimer

Im Bw Cottbus war die 44 2225 als Heizlokomotive beheimatet. Im Mai 1987 sollte sie für Sonderzugfahrten zur Verfügung stehen. Die Cottbusser Eisenbahner überließen nichts dem Zufall, untersuchten die Maschine und schickten sie auf Lastprobefahrt. Der Nahgüterzug nach Weichensdorf wurde 1987 noch planmäßig von der BR 52 gezogen. Am 19. Mai spannte jedoch die 44 2225 vor. Das erfahrene Personal donnerte am späten Nachmittag bei Ullersdorf zurück in Richtung Cottbus.
Foto: Michael Reimer

An einem schönen Herbsttag im Oktober 1984 verlässt die 50 3600 mit ihrem aus dreiachsigen Bag-Wagen bestehenden Personenzug die Stadt Aue (Sachs) in Richtung Blauenthal. Die geringe Last forderte die Maschine nicht sonderlich, der Wagenpark war aber für die Reisenden ein besonderes Erlebnis der Unbequemlichkeit. Foto: Lutz Bastubbe

Links unten: Im Raw »Helmut Scholz« wurden alle Teile für den Rückbau auf Rostfeuerung gesucht, selbst Feuertüren waren knapp. Im »Ersatzteillager« am Tor des Raw fand sich die der einstigen 52 2404. Foto: Michael Reimer

»Liesl spart Diesel« – diese eigenwillige Konstruktion war zwar nie auf den Staatsbahngleisen im Einsatz, doch sie verkörpert die Sparsituation in den 80er-Jahren. Zahlreiche Betriebe nutzten wieder feuerlose Dampfspeicherlokomotiven. Eine Anschlussbahn vom Braunkohlenkombinat nahe Röblingen am See bediente sich der Lok »Liesl« für werksinterne Transporte.
Foto: Slg. Michael Reimer

Durch die Ölkrise wurden viele Dampflokomotiven reaktiviert. Zum Beispiel erhielt das Bw Berlin-Schöneweide aus dem sächsischen Raum sieben Lokomotiven der Baureihe 50, darunter auch eine Altbau-50. Die 50 3628 macht sich als Schuppenheizlok im Bw Schöneweide nützlich. Foto: Lutz Bastubbe

Die Steinkohlenkokerei »August Bebel« Zwickau versuchte auch Dieselkraftstoff zu sparen. In den Diensten der Werkbahn standen die 87 607 und die 744. Am 12. April 1986 donnert die 86 744 noch im Stadtgebiet von Zwickau durch einen fast winterlichen Wald zum Industriebahnhof Pöhlau hinauf. Aufgraund der starken Steigungen mussten alle Wagen stets geschoben werden. Foto: Michael Reimer

Ungewohnt war die Arbeit für den Heizer auf der Reko 52er, die am 30. Dezember 1981 in Richtung Angermünde unterwegs war. Hatte der Mann doch noch kurz zuvor auf einer Öl-50er einen leichteren Broterwerb gehabt. So wird er froh gewesen sein, dass keine Rückleistung zu erbringen war und die Lok an diesem Tag Lz nach Hause fahren durfte. Ende 1981 war von den Öl-loks des Bw Angermünde nur noch die 50 0035 unter Dampf. Die Leistungen der anderen Ölloks waren teilweise von der abgebildeten 52 8141, der 52 8001, 52 8024, 52 8035, 52 8053, 52 8155, 52 8187 und 50 3638 übernommen worden. Drei bis vier dieser Loks wurden von Angermünde aus täglich auf den Strecken nach Pasewalk, Schwedt, Frankfurt (Oder) und Tantow eingesetzt. Die schweren Kesselzüge übernahmen die »Taigatrommeln«. Foto: Wolfgang Dath

In Schönfeld-Wiesa bestand noch immer ein Anschlussgleis des einstigen Thumer Schmalspurnetzes. Im April 1984 hielten sich dort die 99 1582 und 1779 für Übergabefahrten bereit. Zur Mittagszeit durchquerte am 27. April ein Nahgüterzug den Bahnhof. 50 3616 des Bw Karl-Marx-Stadt war vorgespannt. Beides zeigt, noch ist Dampf unverzichtbar. Die 50er löste sogar eine Diesellokomotive wieder ab. Auffallend ferner die gewaltigen Signalschuten. Diese verraten die Stellwerkstechnik der sowjetischen Bauart EZMG. Foto: Michael Reimer

Rechts: Als am 13. Februar 1981 die 99 0234 beim Bunkern von Öl in Wernigerode fotografiert wurde, hätte wohl keiner der Heizer gedacht, dass er bald wieder die Schaufel schwingen muss. Doch schon ein Jahr später wurde im Raw »DSF« Görlitz aus der ölgefeuerten 99 0232 die kohlegefeuerte 99 7232. Im Frühjahr 1984 war der Umbau der Harzquerbahnlokomotiven auf Rostfeuerung bereits abgeschlossen. Foto: Wolfgang Dath

99 0234-7

5. DMV – Heimstätte vieler Eisenbahnfreunde

War der Deutsche Modelleisenbahn Verband der DDR (DMV) eine politische, kulturelle Massenorganisation oder ein Schlupfloch Gleichgesinnter für ihr Hobby der kleinen und großen Eisenbahn? Sicherlich beides! Natürlich gab es auch dort den (sozialistischen) Wettbewerb. Was schließlich abgerechnet wurde, interessierte wohl nur den Sekretär des Bezirkes und wichtig war die Prämie – für die nächste Vereinsrunde. So war es wirklich eine Gemeinschaft der Fotofreunde, der Modelleisenbahner sowie der Interessenten an den verschiedensten historischen Fahrzeugen. Der zuletzt genannten Gruppe ist es zu verdanken, dass heute derart viele historische Lokomotiven, Wagen oder auch Fahrzeuge des städtischen Nahverkehrs museal erhalten blieben und stets mustergültig gepflegt wurden.

Es begann wohl in Dresden, in der zweiten Hälfte der 60er-Jahre. Kurz vor dem Ende des Wilsdruffer Schmalspurnetzes organisierte der Dresdner DMV-Bezirksvorstand eine Sonderzugfahrt dorthin. Es war damals schon ein gewaltiger Erfolg, der über Jahre anhielt. Über 1.000 Mitfahrer waren in zehn, elf, zwölf »langen Halberstädtern« Wagen dabei, hinzu kam die stetig wachsende Schar der Verfolger auf der Straße. Egal, ob die 75 515 oder die BR 58.30 des Bw Riesa verabschiedet, des Dampf-Endes im Bw Kamenz oder Glauchau gedacht oder gerade aufgearbeiteter Lokomotiven, wie die E 77 10 oder die 03 001 präsentiert wurden, die Fotoausbeute war stets beachtlich. Neben einer »gewünschten« Lokomotive aus dem aktiven DR-Betriebspark fuhren oftmals viele Museumslokomotiven. Heute sind 38 205, 50 849 oder 86 001 nicht mehr unter Dampf, teilweise sogar aus den Nürnberger DB-Museumslisten gestrichen.

Ob Dresden, Erfurt, Magdeburg, Berlin – in allen Reichsbahndirektionen organisierte der Verband ähnliche Fahrten. Im Norden war es etwas ruhiger, aber nicht uninteressanter. So bewiesen die Berliner oft ein glückliches Händchen bei der Auswahl der Fahrzeuge. Vor den Verkäufen in das »Nicht sozialistische Währungsgebiet« (NSW) bespannten die 35 1097 oder 52 2751 noch einmal DMV-Züge. Heute stellt sich nicht mehr die Frage, wer da zuvor plauderte und ermöglichte, dass man sie noch einmal auf den Gleisen der DR sah und würdig verabschiedete.

Ein DMV-Ausweis war hin und wieder sehr dienlich, um einem übereifrigen Transportpolizisten das eigene Tun bzw. Warten an der Strecke zu erklären. Schließlich gab der Verband noch Freifahrscheine für Exkursionen aus. Damit wurden natürlich Bahnbetriebs- und Reichsbahnausbesserungswerke – mit entsprechender Fotoerlaubnis – ausgiebig besucht. Die Bw von Nordhausen, Sangerhausen, Zittau und Halberstadt boten für uns keine Geheimnisse mehr. Und Dank eines organisierten »Erfahrungsaustausches« mit anderen Arbeitsgemeinschaften öffneten sich nahezu jährlich die Pforten der stets interessanten Raw Meiningen oder Görlitz-Schlauroth. So bleibt noch heute manche Exkursion in guter Erinnerung, wie die nach Salzwedel, als wohl alle »Organe«, von Grenzsicherung, zugbegleitender Trapo bis

Anlässlich der Lokkavalkade in Riesa zu »150 Jahre Erste Ferneisenbahn Leipzig–Dresden« am 9. April 1989 zeigte sich E 77 10 mit 57 3297 im Schlepp als »Bild 8 – Güterzug der Länderbahnzeit«. Die Genossen der Transportpolizei waren an diesem Tag sehr einsichtig, kooperativ und zurückhaltend. Foto: Lutz Bastubbe

zum netten Aufsichter alles ermöglichten, sodass die Lokomotiven optimal zu fotografieren waren.

Auch der DMV ist heute Geschichte. Der Versuch, einzelne Arbeitsgemeinschaften im BDEF einzugliedern, scheiterte in einigen Fällen. Vielmehr bildeten sich neue Vereine, organisiert im Bahn-Sozialwerk oder »auf anderer Schiene«.

Der DMV, die organisierten Massenveranstaltungen mit ihrem gigantischen Planungsvorlauf, mit gesonderten dienstlichen Bahn-Weisungen (SbV – Sammlung betrieblicher Vorschriften, Durchführen von Scheinanfahrten auf der freien Strecke ...), das gemeinsame Werkeln an großen oder kleinen Lokomotiven – es hat Spaß gemacht. Am Rande sei noch bemerkt: So manch deutsch-deutsche Freundschaft fand sich während einer DMV-Veranstaltung. Diese Entwicklung war ungewollt, und teilweise wurde bei späteren Fahrten in den Wagen nach Ost und West getrennt. Zu spät, denn viele Freundschaften dauern bis heute an. Danke DMV!

Aus Anlass eines Streckenjubiläums zog der Bubikopf 64 007 am 1. Juni 1985 einen geschmückten Sonderzug von Perleberg nach Wittstock (Dosse). In den Morgenstunden dieses Tages ist das Lokpersonal im Bahnhof Perleberg noch mit dem Schmücken der Lok beschäftigt. Foto: Lutz Bastubbe

Spielende Kinder auf den Ladegleisen des Bahnhofes Borkheide suchten am 26. April 1987 die Nähe der 52 6666. Ein Sonderzug mit einer Dampflok war nicht oft in Borkheide zu sehen. Hatten die Kinder den Eltern ein Erlebnis mehr zu erzählen?
Foto: Lutz Bastubbe

Ein Ständchen gaben am 26. April 1987 einige Mitstreiter und Freunde der »AG Jazz Königs Wusterhausen« auf dem Umlauf der 52 6666 nach dem Jazztreffen in Borkwalde im Bahnhof Borkheide. Lok und Zug waren eigens für den Ausflug von den Musikanten angemietet worden. Foto: Lutz Bastubbe

Sonderzüge auf der Traditionsbahn Radebeul (Ost)–Radeburg waren nicht außergewöhnlich. Am 5. Oktober 1986 bespannte die extra überführte 99 561 einen GmP, einen Güterzug mit Personenzugbeförderung, auf dieser Strecke. Dank des gemütlichen Fahrplans, zahlreicher Fotohalte und extra eingelegter kurzer Rückfahrten, war dieser Zug bequem zu Fuß zu »verfolgen«. Das hatte den Vorteil, dass die Planzüge mit 99 1778 und 1793 mehrfach auf der Strecke fotografiert werden konnten. Doch neben uns »Wanderern« blieben auch andere Personen nach den Abfahrten zurück. Neugierige Dorfbewohner sind es wohl nicht. Waren sie vielleicht eine Abordnung von »VEB Horch und Kuck«? Foto: Michael Reimer

Links unten: Am Morgen des 9. Mai 1985 kam die gerade hauptuntersuchte 52 6666 vom Raw zurück nach Berlin. Das neue Personal fuhr gleich weiter nach Templin, denn an den nächsten zwei Tagen galt es einen Sonderzug zwischen Fürstenberg – Templin und Löwenberg gemeinsam mit der 38 1182 zu befördern. Natürlich hatten die Berliner die »richtigen« Lokschilder im Gepäck: die EDV-Rundziffern im Tausch gegen spitze Zahlen. Für das Gruppenfoto stand natürlich auch der Einsatzstellenleiter von Templin zur Verfügung, der noch Bohrmaschinen und Schrauben zur Verfügung stellen musste. Foto: Michael Reimer

»Rheingold« oder »Orient-Express« waren sehr oft in der DDR zu Gast. Vorgespannt waren zumeist die edlen Renner des Museumsbestandes. Offiziell angekündigt waren diese Fahrten nicht, doch aufgrund des »Buschfunks« wussten wir von den Fahrten, zum Teil mit genauen Fahrzeiten. Im Jahr 1983 unternahm man eine Rundfahrt via Dresden, die schließlich Berlin erreichte. 01 137 und 18 201 rollten gerade durch den S-Bahnhof Ostkreuz und erreichen gleich den vorläufigen Endbahnhof Berlin Ostbahnhof. Am Folgetag war mit der 41 1144 vor diesem Zug eine für Berliner Verhältnisse außergewöhnliche Lokomotive vorgespannt. Rechts im Bild der Funkmesstriebwagen 188 101. Foto: Michael Reimer

Zum Solidaritätsbasar der Journalisten, jeweils am 1. September veranstaltet, gab es auf dem Berliner Alexanderplatz so einige Überraschungen. Im Jahr 1986 war es zweifelsfrei der Pendelverkehr mit den 74 1230 und 52 6666 sowie dem historischen Veltener Traditionszug zum Bahnhof Alexanderplatz. Alle Züge waren restlos ausverkauft. Und wann hielt schon ein öffentlicher Reisezug am Alex? Dieser Bahnhof gehörte bereits zur Transitstrecke, obwohl er noch in der Mitte der DDR-City lag. Für die Lokomotiven mussten extra »Passpersonale«, Lokführer für den Transitverkehr, angefordert werden. Foto: Slg. Michael Reimer

Anfang Oktober 1984 konnte in der tausendjährigen Stadt Mügeln ein Dampfspektakel erlebt werden, dass an die große Zeit dieses Bahnhofes erinnerte, der bereits 100 Jahre in Betrieb war. Die gesamte Gegend war in Volksfeststimmung und unmittelbar vor dem damaligen DDR-Feiertag waren auch schon überall Flaggen zu sehen. Zwischen Mügeln und Kemmlitz war anlässlich der beiden Jubiläen der seit 1964 eingestellte Personenverkehr wieder eingerichtet worden. Am 5. Oktober 1984 war 99 1586 vor dem Sonderzug eingesetzt. Foto: Wolfgang Dath

Am Abend des 5. Oktober 1984 stand 99 1586 vor dem anlässlich des hundertjährigen Bestehens der Strecke von Oschatz nach Mügeln restaurierten Bahnhofsgebäude in Mügeln (b. Oschatz). Am Haken hatte sie einen der Sonderzüge, die zwischen Mügeln und Kemmlitz eingesetzt wurden. Insgesamt waren über zehn Tage 33 Sonderzugpaare gefahren worden, die rund 6.000 Personen noch einmal in die Tage des »Wilden Robert« zurück versetzten. Foto: Wolfgang Dath

Links: Die 52 6666 hatte am 25. September 1987 einen Begleiterwagen von Berlin nach Zwickau überführt, da am nächsten Tag eine Sonderfahrt absolviert werden sollte. Lokführer Bernd Hartwig beseitigt die auf dieser Fahrt vom Funkenfänger zurück gehaltene Flugasche. Foto: Wolfgang Dath

Rechts: In der Zeit vom 5. bis 13. Juni 1982 fanden aus Anlass der Jubiläen »100 Jahre Eisenbahndirektion Erfurt« und »135 Jahre Eisenbahnen in Erfurt« zahlreiche Veranstaltungen statt. Vor dem Empfangsgebäude des Erfurter Hauptbahnhofes war in dieser Zeit eine ehemalige Industriebahnlok der Torgauer Hafenbahn aufgestellt worden. Die 1936 von Henschel mit der Fabriknummer 23061 ausgelieferte Maschine hatte nie eine Reichsbahnnummer getragen. In Erfurt erhielt sie die ursprünglich nicht besetzte Nummer 89 6311. Foto: Wolfgang Dath

89 6311
POST

Die letzte Lokomotive im Plandienst bei der DR aus Zeiten der preußischen Staatsbahn wurde mit der BR 95 am 28. Februar 1981 verabschiedet. Entsprechend groß war das Interesse der Eisenbahnfreunde. In den Morgenstunden des sonnigen Wintertages hatten sich viele Fotografen in Saalfeld eingefunden. Der Platz auf den Bahnsteigen reichte nicht mehr aus, um allen einen Fotostandpunkt vor der 95 0027 zu bieten. Deshalb besetzte man auch die Gleise, die in diesem Bereich kurzzeitig gesperrt werden mussten. Foto: Wolfgang Dath

Während der Abschiedsfahrt von der BR 95 durch den herrlichen Thüringer Wald wurden immer wieder Fotohalte eingelegt. Auch an mehreren Viadukten durften die in großer Zahl angereisten Fotografen ihre Auslöser betätigen. Eine besondere Zugabe des Lokpersonals war die aus dem Schornstein züngelnde Stichflamme, die es im Planbetrieb an dieser Stelle sicherlich nie gegeben hat. Foto: Wolfgang Dath

Die DMV-Sonderfahrten des Dresdner Bezirkes mutierten zu Massenveranstaltungen. Am 11. und 12. Juni 1988 gab es das Jubiläum »60 Jahre BR 86« und »Dampf Aus« im Bw Glauchau (Sachs). Am Nachmittag kehrte die 50 3670 von ihrem Zugdienst heim. Der Bw-Chef würdigte die Personale, die Blaskapelle spielte »Muss i denn zum Städtle hinaus …« und unter den Pfiffen der anderen Dampflokomotiven verschwand die 50 3670 im Schuppen und die Tore schlossen sich. Foto: Michael Reimer

Auf der ehemaligen Ostbahn, die einst Berlin mit dem ostpreußischen Königsberg verband, waren auch zu Beginn der 80er-Jahre noch viele Relikte aus der Zeit vor dem Zweiten Weltkrieg zu finden. Die Strecke bot reichlich Fotomotive und wurde deshalb oft für Sonderfahrten genutzt. Am 17. Oktober 1981 veranstaltete der Bezirksvorstand Berlin mit der nur kurzzeitig in Berlin-Schöneweide beheimateten 50 3145 eine Sonderfahrt, die unter anderem über einen Teil der Ostbahn führte. In Obersdorf präsentiert sich die Lok bei einer Scheinanfahrt im schönsten Sonnenlicht.
Foto: Wolfgang Dath

6. Neue Lokomotiven kommen

Neue Schienenfahrzeuge wecken unweigerlich die Aufmerksamkeit jedes Eisenbahnfreundes. Beobachtet man die heutige Fangemeinde, so überschlagen sich im Internet die Meldungen über Neubaufahrzeuge und Umbauten, ja sogar über Farbvarianten oder bloße Umnummerierungen. Vor rund 20 Jahren war das anders: Die Forcierung des Traktionswechsels bei der Reichbahn und ein auch aus heutiger Sicht recht bunter Fahrzeugpark rief bei uns eher verhaltene Neugier hervor, wanderten doch als Folge die gewohnten Lieblinge unweigerlich aufs Altenteil. Beruflich gestaltete sich solch ein Wechsel ein wenig anders: Umschulungen, Lehrgänge und ein erweitertes Aufgabengebiet waren Vorboten der »Neuen«, und schon bald bestimmten sie unseren Eisenbahneralltag. Die Maschinen der BR V 200, die »Taigatrommeln«, waren bis Ende der 60er-Jahre so weit »germanisiert«, dass sie die bei der DR zu bewältigenden Aufgaben zur vollen Zufriedenheit erfüllten. Der wachsende Anteil an elektrifizierten Strecken und der zunehmende Einsatz moderner Reisezugwagen zwang die DR schließlich, Diesellokomotiven zu be-

Die ersten Serienlokomotiven der Baureihe 130 wichen im Aussehen von den übrigen Lokomotiven der Baureihenfamilie V 300 ab. Sie waren gut an den größeren Frontscheiben zu erkennen. Die 130 002 müht sich im Mai 1981 mit ihrem endlos erscheinenden Güterzug über den südlichen Berliner Außenring. Foto: Lutz Zschage

Links: Die Baureihe 52 vom Bw Röblingen am See war abgelöst. Auf der Nebenbahn nach Vitzenburg – Querfurt fuhren Vertreter der BR 110 und die angemietete 111. Für die Hauptstrecke nach Halle hielt das Bw auch die Maschinen der BR 131 vor. Foto: Slg. Michael Reimer schaffen, die über elektrische Zugheizanlagen verfügen sollten. Diese Forderung war jedoch für die Lokomotivbauer in der Sowjetunion etwas völlig Neues, fuhren doch dort nur Reisezugwagen mit jeweils separater Heizanlage. Der vordringliche Bedarf an leistungsfähigen Streckendiesellokomotiven bewirkte, dass ab 1970 die ersten Lokomotiven der neuen V 300-Familie ohne Heizeinrichtung zur DR kamen und als BR 130 eingeordnet wurden.

Erst 1972 standen mit den Erprobungsträgern 130 101 und 102 die ersten Lokomotiven sowjetischer Produktion mit elektrischer Zugheizeinrichtung zur Verfügung. Da es allerdings noch einige Zeit brauchte, bis diese Einrichtung die Serienreife erlangte, importierte man 1972/73 weitere Güterzuglokomotiven, die als BR 131 eingereiht wurden. Aufgrund der Tatsache, dass diese Loks von vornherein nicht für die Beförderung von Reisezügen gedacht waren, erhielten sie eine andere Getriebeübersetzung, die eine höhere Anfahrzugkraft aber auch eine Verminderung der Höchstgeschwindigkeit von 140 km/h auf 100 km/h mit sich brachte.

Im Jahr 1973 begann endlich die Lieferung der dringend benötigten BR 132, die nun alle Voraussetzungen besaß, um die Dampflokomotiven der Baureihen 01 und 03 im schweren Schnellzugdienst abzulösen. Als Dampflokfans sahen wir deshalb die russischen Großdiesel, von denen bis 1982 insgesamt 709 Exemplare geliefert wurden, nicht gern. Beim Lokpersonal waren die Lokomotiven nach anfänglichen Problemen allerdings bald so beliebt, dass sie den Kosenamen »Ludmilla« bekamen.

Da die russischen Großdiesel aufgrund ihrer hohen Achslasten nicht auf allen Strecken der DR eingesetzt werden konnten und trotz der Freisetzung von 118ern nicht genügend Lokomotiven dieser BR zur Verfügung standen, bemühte sich die DR um eine Nachbestellung einer sechsachsigen Variante ähnlich der BR 118. Entsprechend einer Empfehlung des Rates für gegenseitige Wirtschaftshilfe (RGW), die eine Leistungsbegrenzung von unter 2.000 PS für den Bau bei Streckendiesellokomotiven in der DDR vorsah, wurde der Auftrag wegen fehlender Produktionskapazitäten im Schienenfahrzeugbau der DDR nach Rumänien vergeben. In enger Zusammenarbeit mit Technikern aus der DDR entstand die BR 119, die als Weiterentwicklung der BR 118 anstatt mit einem Dampfkessel mit einer elektrischen Zugheizeinrichtung ausgerüstet war. In den Jahren von 1977 bis 1985 beschaffte die DR insgesamt 200 dieser Lokomotiven, deren Einsatz zur Abstellung vieler 41er, 50er und 52er führte. Für die BR 95, die bis 1980 die Strecken im Thüringer Wald befuhr, brachte die 119 das endgültige Aus. Aufgrund der Bullaugen an den Seitenfronten bekamen die Loks sehr schnell den Spitznamen »U-Boot«.

Neben der Beschaffung von Neubauten wurden bei der DR auch ständig Verbesserungen an den vorhandenen Lokomotiven vorgenommen. So tauchten plötzlich 112, 114 und kurzzeitig 115er auf, die gegenüber der BR 110 über verstärkte Motoren verfügten. Auch bei der BR 118 kamen solche Antriebsaggregate zum Einsatz. Hier wurde allerdings nur die Ordnungsnummer geändert.

Das stetig wachsende elektrifizierte Netz erforderte natürlich auch neue elektrische Triebfahrzeuge. 1974 stellte der VEB LEW Hennigsdorf die erste Lokomotive der neuen Baureihe 250 vor. Die sechsachsige Lok mit der für damalige Verhältnisse gewaltigen Leistung von 5.400 kW brachte vor allem auf den Mittelgebirgsstrecken Entlastungen für den Lokomotivpark, ersparte sie der DR doch den unwirtschaftlichen Einsatz von Lokomotiven in Doppeltraktion. Bis 1979 waren bereits mehr als 100 Lokomotiven ausgeliefert. Die 250 113 war die 500. E-Lok, die von LEW für 16 2/3 Hz an die DR geliefert wurde. Aufgrund ihres eckigen Wagenkastens bekamen die neuen Maschinen bald den Spitznamen »Kabelcontainer«.

Die 250er wurden nicht nur im Güterzugdienst eingesetzt, sie liefen auch vor Schnellzügen und beförderten sogar Personenzüge. Unangenehmer Nebeneffekt bei diesen leichten Zügen: Der Blindleistungsanteil im Netz verschlechterte

Ein Blick in die VES-M in Halle war genauso spannend wie der in ein Bw. Neue Lokomotiven und Wagen wurden dort ausgiebig getestet. Die 143 001, die »Weiße Lady«, steht vor einem Messzug, in dem auch ein für den Export bestimmter Typ eingereiht wurde, für eine Versuchsfahrt bereit. Foto: Slg. Michael Reimer

sich erheblich. Deshalb entschloss sich die DR dazu, eine energiewirtschaftlich günstige vierachsige Lokomotive in Auftrag zu geben. 1982 stand die neue 212 001 auf den Schienen. Der weiße Anstrich des Lokkastens, der mit den roten Diagonalstreifen sehr elegant wirkte, soll einen Mitarbeiter der VES-M dazu animiert haben, das Etikett einer Whiskyflasche der Marke »White Lady« an die Lok zu kleben – der Spitzname stand damit fest. Die Eisenbahner sprachen nun nur noch von der »Weißen Lady«, wenn die Lok während ihrer umfangreichen Erprobung zu sehen war. Ende 1983 erhielt die Lok eine andere Getriebeübersetzung und damit die Bezeichnung 243 001, die Lackierung blieb aber erhalten. Sie war Prototyp für die spätere Lokomotivfamilie BR 212/243, den heutigen BR 112/143. In den Jahren 1982 bis 1990 baute LEW fast 650 Lokomotiven der BR 243. Sie wurde zur meist beschafften E-Lok-Type der DR.

Mit 243 659 verließ am 28. Dezember 1990 die letzte 243 die Werkhallen in Hennigsdorf. Gleichzeitig fand der Rohbau der ersten beiden 252er seinen Abschluss. Die sechsachsige Lokomotive wurde aus den BR 250 und 243 abgeleitet und besaß eine Stundenleistung von 5.880 kW.

Am 3. Mai 1990 hatte die 243 587 die Beförderung des aus sechs Doppelstockeinzelwagen gebildeten »Sputnik« P 11434 übernommen. Heute sind solche Zuglängen auf dieser Relation, die damals noch stark frequentiert war, undenkbar. Am Abzweig Glasower Damm musste der Zug wegen einer Signalstörung längere Zeit halten. Der nachfolgende »Piwke« (aus der Abkürzung Piw Personenzug im Wendezugbetrieb abgeleiteter Spitzname) nach Wünsdorf, der mit einer 211 bespannt war, ist »permissiv« (auf Sicht) bis an den vorausfahrenden Zug herangefahren. Foto: Wolfgang Dath

Wäre nicht mit der politischen Wende ein Einbruch der Güterverkehrsleistungen einhergegangen, dann wäre diese Lokomotive mit der ursprünglich bestellten Stückzahl von 75 Loks das »Flaggschiff« der DR geworden.
Wie hoch anfänglich noch die Aufgaben im Güterzugdienst eingeschätzt wurden, zeigt die Tatsache, dass in den Jahren von 1985 bis 1991 die Reisezugloks der BR 211 teilweise zu Güterzugloks der BR 242 umgebaut wurden. Insgesamt 22 Maschinen bekamen andere Drehgestelle und wurden als Unterbaureihe 242.3 bezeichnet.
Anders verlief die Entwicklung im schnellfahrenden Reiseverkehr. Die teilweise Heraufsetzung der Höchstgeschwin-

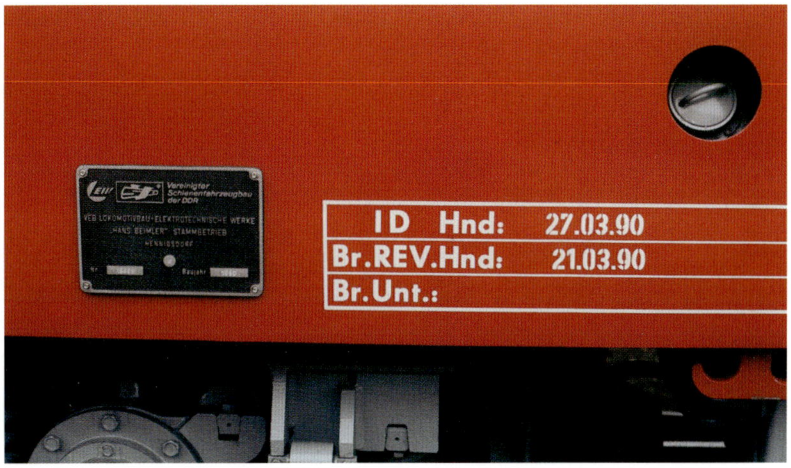

Rechts: Anschriften der fabrikneuen 243 592, die ihre erste Heimat im Bahnbetriebswerk Leipzig West fand. Foto: Lutz Zschage

digkeit auf Hauptbahnen der DR auf 160 km/h ließen ab 1990 einen Bedarf an schnellen Loks entstehen. Das LEW Hennigsdorf fertigte 39 Lokomotiven der BR 212. Die spätere zweite Serie von 90 Lokomotiven ging im neuen gemeinsamen Nummernschema der zukünftigen neuen DB AG in Betrieb und wurde die erste und letzte gemeinsam von DR und DB bestellte Lokomotivserie.

Die von der »Weiße Lady« abgeleitete Baureihe 243 wurde ab 1984 in großen Stückzahlen geliefert und war bald überall auf dem elektrifizierten Streckennetz der DR anzutreffen. Hier wird die fabrikneue 243 938 am 15. September 1989 während einer Fahrzeug-Ausstellung auf dem Bahnhof Berlin-Rummelsburg dem Publikum präsentiert. Hinter der Lok ist einer der ab 1986 neu beschafften Großraumwagen der Gattung B10mh zu sehen. Foto: Wolfgang Dath

Auf der Frühjahrsmesse in Leipzig wurde 1982 eine von der DR und der ČSD gemeinsam entwickelte Lokomotive vorgestellt, die für den Antrieb einer Grabenräumeinheit vorgesehen war. Mit diesem Gerät konnten Gräben erneuert, Böschungen abgetragen oder die Bettung des Nachbargleises ausgehoben werden. Die Lokomotiven konnten aber auch im normalen Zugdienst eingesetzt werden, wenn keine Zugheizung erforderlich war. Die DR reihte ihre Lokomotiven als BR 110.9 ein. Die 110 961 sorgte am 9. April 1983 in Meiningen dafür, dass einige Dampflokfreunde, die zum Raw gehen wollten, an der Schranke warten mussten. Vorn an der Lok ist deutlich der Abtriebsflansch für die Grabenräumeinheit zu sehen. Foto: Wolfgang Dath

Das LEW »Hans Beimler« in Hennigsdorf baute auch für das Ausland zahlreiche Lokomotiven und Triebzüge. Eine gerade an die DR abgelieferte 243 zog im Herbst 1989 einen für die griechische Staatsbahn OSE bestimmten dieselelektrischen Triebwagenzug aus dem Bahnhof Hennigsdorf in Richtung Berliner Ring. Foto: Michael Reimer

Regelmäßig besuchte der Versuchsträger 243 001 das Bahnbetriebswerk Berlin Ostbahnhof. Die nicht der DR gehörende Lokomotive erhielt hier ihre Instandhaltungstufen. Im April 1988 zeigt sich der Sonderling auf der Schiebebühne. Leider war nur ein NC 21 in der Kamera. Die ORWO Farbbilderfilme glänzten leider durch ihre sehr mäßige Farb-Qualität. Foto: Lutz Zschage

Rechts unten: 1991 beschaffte die DR vier Baumusterlokomotiven der Baureihe 256, die als Synthese der damals schon bewährten Baureihen 243 und 250 galten. Die beim Personal sehr beliebten Lokomotiven wurden vom Bw Dresden aus vor allem im Güterzugdienst, aber auch im Reisezugdienst eingesetzt. Auf dem Foto ist die bereits umgezeichnete 156 003 mit dem D 439 Hamburg–Dresden, den sie ab Nauen zu befördern hatte, im damaligen Potsdamer Hauptbahnhof zu sehen. Foto: Wolfgang Dath

Oben: Nach der politischen Wende bekam die DR die Möglichkeit, die wichtigsten Magistralen auszubauen und höhere Geschwindigkeiten zu fahren. Einzelne Züge wurden auf elektrifizierten Strecken mit bis zu 160 km/h befördert. Um auch auf anderen Strecken kürzere Fahrzeiten zu erreichen, wurden ab 1991 einige Lokomotiven der BR 132 im Raw Cottbus für eine Geschwindigkeit von 140 km/h umgerüstet und erhielten die Baureihenbezeichnung 234. Die 234 508 wird hier in Berlin-Rummelsburg betankt. Gleichzeitig werden die Frontfenster gereinigt, damit der Lokführer für die nächste Fahrt wieder eine gute Sicht hat.
Foto: Wolfgang Dath

Auf dem Berliner Außenring setzte die DR seit Ende der 80er-Jahre moderne Fahrzeuge zur Bewältigung des Berufsverkehrs im so genannten »Sputnik-Verkehr« ein. Die Einsatzstelle Berlin-Rummelsburg bespannte die Züge teilweise mit fabrikneuen E-Loks. Am 30. August 1991 konnte 112 007, die vor dem P 11434 ihre »Jungfernfahrt«, also ihre erste Fahrt im planmäßigen Einsatz, absolvierte im Turm-Bahnhof Bergholz (b. Potsdam) beobachtet werden, wo sie den Anschluss der Personenzüge auf der Strecke Drewitz–Michendorf abwarten musste. Foto: Wolfgang Dath

7. Elektrisch bis an die Ostsee

Nachdem die DR sich jahrelang fast abstinent gegenüber der Elektrifizierung ihrer Strecken verhalten hatte, führte u. a. auch die Ölkrise Ende der 70er-Jahre zu einem Umdenken, zumal mit der einheimischen Braunkohle ein günstiger Brennstoff für die Stromproduktion zur Verfügung stand. So zählte plötzlich die Erweiterung der elektrischen Zugförderung zu den wichtigsten Rationalisierungsmaßnahmen im Eisenbahntransport der DDR. Der Aufwand der hierfür in den Folgejahren betrieben wurde, war immens. Nicht nur große Teile der DDR-Volkswirtschaft arbeiteten ausschließlich für dieses Programm, auch ganze Bereiche der Eisenbahninfrastruktur veränderten ihre gewohnte Ansicht. Für die Oberleitung musste zunächst Profilfreiheit hergestellt werden, etliche Brücken waren anzuheben oder völlig neu zu errichten. Tunnel wurden aufgeschnitten und Bahnsteigdächer eingekürzt. Für den Eisenbahnfan verschwand manches schöne Fotomotiv in kürzester Zeit von der Bildfläche.

Noch Mitte der 70er-Jahre waren die E-Loks nur in den südlichen Reichsbahndirektionen zu sehen gewesen. Das elektrifizierte Netz der DR, das im Jahr 1975 gerade mal 1.099 Streckenkilometer umfasste, war ab 1955 überwiegend im alten mitteldeutschen Bahnnetz wieder aufgebaut worden.

Ein Ziel der Bemühungen bestand darin, Berlin, die Hauptstadt der DDR, in das elektrifizierte Netz einzubinden. Über die Magistralen aus Dresden und Halle/Leipzig näherte sich die »Strippe« abschnittsweise dem Eisenbahnknoten Berlin. Oberstes Prinzip war die Ausnutzung jedes elektrifizierten Kilometers, sodass Bahnhöfe wie Brenitz-Sonnewalde, Golßen, Rangsdorf oder Luckenwalde und Ludwigsfelde zu Umspannbahnhöfen mutierten. Schließlich konnte am 28. Mai 1983 der Bahnhof »Flughafen Berlin-Schönefeld« an das elektrifizierte Streckennetz angeschlossen werden. Damit begann ein ungewöhnlicher Betrieb auf der Strecke von Berlin nach Potsdam über den Außenring: Die Personenzüge von Berlin Ostbahnhof bzw. von Berlin-Karlshorst nach Werder/Brandenburg erhielten nun zwischen Flughafen Berlin-Schönefeld und Potsdam Hbf Vorspann von E-Loks. Die Diesellok blieb dabei mit einem Lokführer besetzt am Zug – nur um ein paar Liter Diesel zu sparen, nahm die DR den gewaltigen Mehraufwand in Kauf!

Im September 1983 wurde der Vorspannbetrieb dahingehend geändert, dass E-Loks die Züge zwischen Flughafen Berlin-Schönefeld und Potsdam Hbf allein bespannten und in Flughafen Berlin-Schönefeld eine Diesellok als Vorspann erhielten, die die abgebügelte E-Lok und den Zug wiederum nach Berlin-Karlshorst schleppte. Im Dezember 1983 musste diese Verfahren allerdings ausgesetzt werden, da die E-Lokomotiven während der Schleppfahrt derart auskühlten, dass es zu Ausfällen der Druckluftanlage durch eingefrorene Ventile kam. Erst ab dem 1. Juni 1985 konnten die Züge durchgehend mit E-Loks bespannt werden.

Mit dem Ausbau des Fahrleitungsnetzes kamen die »Funkenkutschen« immer weiter nach Norden. Viele Dampflokfreunde waren über diese Tatsache nicht gerade erfreut, schmolzen doch dadurch die Einsatzgebiete der Dampftraktion immer weiter. Doch es gab auch erfreuliche Entwicklungen: Wegen der schnell fortschreitenden Elektrifizierung wurden die Altbaulokomotiven der Baureihen 218, 244 und 254 immer noch zu Einsätzen herangezogen. So erhielten Altbau E-Loks in Dessau noch in den 80er-Jahren Instandhal-

Auf einer Fahrzeug-Ausstellung auf dem Bahnhof Berlin-Rummelsburg wurden am 15. September 1989 auch einige Fahrzeuge des dort angesiedelten Bahnstromwerkes vorgestellt. Hinter der 106 575, die damals planmäßig für Aufgaben der Oberleitungsinstandhaltung eingesetzt wurde, ist ein Fahrleitungsmontagewagen mit ausgefahrener Arbeitsbühne zu sehen. Derartige Wagen waren bei der Erstellung, Pflege und Reparatur der Oberleitung im Einsatz. Foto: Wolfgang Dath

tungsstufen bis zur E 6 und wurden sogar neu lackiert. Die Maschinen wurden bald auch auf den neu elektrifizierten Strecken gesichtet. Beispielsweise bespannte das Bw Engelsdorf mit seinen 254ern Güterzüge nach Seddin und Berlin-Grünau. Dass diese Leistung schwer zu fotografieren war, weil der Fahrplan reine Makulatur war, steht auf einem anderen Blatt. So wurden für den Zuglauf Leipzig–Berlin und zurück manchmal drei Lokführer gebraucht, die sich unterwegs ablösen mussten. Im ungünstigsten Fall fuhr der Leipziger Lokführer nur Fahrgast zum Zug, wartete etliche Stunden in einer Überholung, wurde dann abgelöst und fuhr Fahrgast zurück in die Heimatdienststelle. Auf Rangierbahnhöfen, wie Weißenfels und Erfurt, setzte man sogar E-Loks der BR 244 im Rangierdienst ein, um Diesel zu sparen.

Vom 19. Mai 1985 an fuhren Elektrolokomotiven bis nach Rostock, seit 14. Dezember 1985 sogar bis nach Warnemünde. Gleichzeitig wurde die S-Bahn in Rostock von der BR 118 auf die BR 243 umgestellt. Ab 12. April 1986 war Bad Kleinen am Netz. Damit hatte die DR gleichzeitig

Nach der Elektrifizierung des »Sächsischen Dreiecks« zwischen Dresden, Leipzig und Karl-Marx-Stadt verging erst eine Weile, bis weitere Strecken mit dem Fahrdraht folgten. 250 003 und eine uns unbekannte 242 stehen am 29. Mai 1976 im Dresdner Hbf bereit, um die Gäste nach Bad Schandau zu bringen. Noch ist das weiße Band für die einzuweihende Strecke nicht durch den Präsidenten durchschnitten. Foto: Mattis Schindler

den 1.000. Kilometer Eisenbahnstrecke seit 1981, dem Jahr des X. Parteitages der SED, elektrifiziert. Doch während im Norden der DDR die E-Loks fuhren, war der Berliner Ostbahnhof noch nicht an das Fahrleitungsnetz angebunden. Erst ab 31. Mai 1987 erreichten E-Loks diesen Bahnhof. Allerdings endete zu dieser Zeit die Fahrleitung noch 25 Meter vor der Hallenschürze, so dass die E-Loks mit Schwung in die Halle rollen mussten. Das Umsetzen ans überspannte östliche Ende erfolgte mittels Diesellokomotiven – Kuriositäten, die heute fast vergessen sind.

Es gab weitere skurrile Entwicklungen bei der Elektrifizierung, die der damaligen politischen Lage geschuldet waren. Zwar erfolgte ein Anschluss der Grenzbahnhöfe und -übergänge zu den »Bruderstaaten«, doch unterblieb eine Elektrifizierung in Richtung Bundesrepublik Deutschland aus finanzstrategischen Gründen. Dies änderte sich erst nach der politischen Wende in der DDR. Eine Ausnahme bildete der Anschluss der Fährhäfen Warnemünde, Saßnitz und Mukran, der eine Beschleunigung des wichtigen Transitverkehrs versprach.

Zweimal im Jahr öffnete die Leipziger Messe ihre Tore, zweimal im Jahr war die Welt zu Gast in der DDR und die Besucher sahen auf der Messe auch Interessantes aus vielen Ländern. Erstmals im März 1987 präsentierte sich dort der Oberleitungsrevisionstriebwagen (ORT) aus dem VEB Waggonbau Görlitz. Er sollte die älteren Vertreter dieser Gattung bei den wachsenden Aufgaben der Streckenelektrifizierung unterstützen und später ablösen. Die Grundausführung dieses Diesel-Triebwagens sollte später, wenn der Waggonbau freie Kapazitäten hätte, als Basis für neue Leicht-Triebwagen zur Verfügung stehen. Doch Görlitz hatte stets durch ausländische Aufträge volle Auftragsbücher. Foto: Michael Reimer

Dem wirtschaftlichen und politischen Stellenwert entsprechend wurde das gewaltige Programm der Streckenelektrifizierung zum zentralen Jugendobjekt »Elektrifizierung von Eisenbahnstrecken« erhoben.
Sogar ein SVT der Bauart »Görlitz« wurde zum Jugendklubzug (175 005/006) umgestaltet, der die wichtigsten Baustellen ansteuerte. Das ständig zunehmende Tempo bei der Elektrifizierung, das die staatlichen Vorgaben verlangten, erforderte eine immer größere Anzahl an Arbeitskräften und beanspruchte immer stärker die verfügbaren Ressourcen. Auch kam es zur Anwendung völlig neuer Arbeitsverfahren. So setzte die DR beispielsweise Hubschrauber ein,

um bei laufendem Betrieb Masten aufzustellen. »Fahren und Bauen« hieß die neue Devise.
1983 wurde eine vereinfachte Bauform der Fahrleitung eingeführt, um auf Streckenabschnitten mit geringer Höchstgeschwindigkeit (z. B. Glauchau-Schönbörnchen – Gößnitz) oder auf Bahnhofsgleisen Material und Baukapazitäten zu sparen. Im Winter gab es Probleme bei der Erstellung der Mastfundamente aus Beton. Diese Tatsache erwies sich für uns Eisenbahnfreunde als erfreulich, sorgte sie doch für den Einsatz von Dampflokomotiven vor Betonmischzügen, meist 52er. Der Grund: Die Heizkessel der Diesellokomotiven schafften bei starkem Frost nicht die nötige Dampfmenge, um ein Einfrieren des bei der Herstellung des Betons benötigten Wassers zu verhindern.
Ein buntes Gemisch an Klein- und Rangierlokomotiven zog die zahlreichen Fahrleitungsmontagewagen. Zeitweise lieh die Reichsbahn Fahrzeuge bei der CSD, die bei der Aufhängung der Fahrleitung zum Einsatz gelangten, denn die neuen Oberleitungsrevisions-Triebwagen der BR 188 standen erst ab 1986 zur Verfügung. So war rückblickend die Elektrifizierung bei der DR eine anstrengende und zugleich aufregende Zeit.

Grüne E-Lokomotiven waren in den 80er-Jahren bereits selten. Das Rot-Weiß bestimmte künftig das Farbschema. Aber es gab auch Bw und Gegenden, wo scheinbar die Zeit stehen blieb. Auf der Nebenbahn von Mücheln nach Merseburg war eine grüne 242 mit zwei- bzw. dreiachsige Rekowagen noch immer ein alltägliches Bild. Foto: Michael Reimer

Am 28. September 1978 war der Lokwechsel im Bahnhof Gößnitz kaum eine Notiz wert. E 94, die BR 254, und die Reko-58 waren noch im planmäßigen Einsatz. Dennoch wurde bereits damals im sächsischen Dreieck jeder Kilometer unter dem Fahrdraht auch mit der E-Traktion gefahren. Foto: Mattis Schindler

Im April 1987 ist die 52 8145 mit einem Betonmischzug an der Bahnhofsschranke am Forstweg in Zeuthen zum Gießen der Fundamente für Fahrleitungsmaste im Einsatz. Nachdem im Mai 1986 das Bw Senftenberg die Dampfleistungen nach Berlin aufgegeben hatte, waren die Dampflokomotiven des Bw Berlin-Schöneweide vor den Betonmisch- und Fahrleitungsmontagezügen, abgesehen von Traditionsfahrten, die letzten Dampflokeinsätze auf der Görlitzer Bahn. Dampflokomotiven eigneten sich für diese Betonmischzüge besser als Diesellokomotiven der Reihen 110 und 118, da die BR 52 längere Zeit den Zug beheizen konnten.
Foto: Lutz Bastubbe

Darstellung der Elektrifizierungs-abschnitte auf dem Strecken-netz der DR. Zeichnung: Lutz Zschage

»Koste es, was es wolle!« – 118 291 zieht am 6. Mai 1989 einen mit einer E-Lok bespannten Güterzug von Seddin nach Jüterbog. Sobald der nächste mit Fahrleitung überspannte Streckenabschnitt erreicht wurde, konnte die 250 die Traktion wieder übernehmen. So wurde jeder elektrifizierte Kilometer ausgenutzt, um Diesel zu sparen. Mal schleppten, wie in diesem Fall, die Dieselloks die elektrische Traktion über kurze, nicht elektrifizierte Strecken, mal war es umgekehrt.
Der Genosse der Transportpolizei nimmt mit der 52 6666 im Rücken die typische Diensthaltung ein. Die Präsenz der Bahnpolizei deutet auf die damalige militärische Bedeutung der Strecke über Altes Lager nach Jüterbog hin. Foto: Lutz Bastubbe

Mit dem Ende der DDR waren auch jene Zeiten vorbei, in denen aus ökonomischen Gründen jeder elektrifizierte Meter Strecke mit E-Lok gefahren wurde. Obwohl von Berlin der elektrische Betrieb bis Fürstenwalde (Spree) aufgenommen war, bespannten die Großrussen der BR 132 noch die Personenzüge nach Frankfurt (Oder). Im Dezember 1990 erreicht 132 664 mit dem beschleunigten P 3928 das Städtchen Fürstenwalde (Spree). Foto: Lutz Zschage

Die sich stetig verschärfenden ökonomischen Zwänge im Transportwesen der DDR bewirkten immer höhere Vorgaben bei der Elektrifizierung des Streckennetzes der DR. Nur durch immer ausgefeiltere Technologien konnten diese anspruchsvollen Ziele überhaupt umgesetzt werden. Dazu ging man sogar regelmäßig in die Luft. Im Sommer 1984 wurden auf dem Bahnhof Berlin-Rummelsburg die Turmmasten mit Hilfe der Interflug-Transporthubschrauber aufgestellt. Faszinierend war die Präzision, mit der die Beteiligten zu Werke gingen. Foto: Lutz Zschage

Mit der Aufnahme des elektrischen Betriebes auf dem Fernbahnhof Berlin-Lichtenberg am 29. September 1984 kamen die ersten E-Loks in die Einsatzstelle Berlin Lichtenberg. Hier gelangten die »Elektrischen« zur Abstellung und Wartung, bevor das Bahnbetriebswerk Ostbahnhof erste eigene Elektrolokomotiven beheimatete. 211 053 sonnt sich im letzten Abendlicht eines Herbsttages des Jahres 1984.
Foto: Lutz Zschage

Im April 1993 wurde auf dem Fahrleitungsmontagewagen hinter der 311 658 mit Hochdruck an der Fertigstellung der Oberleitung im Bahnhof Berlin Zoologischer Garten gearbeitet, sollte doch dort ab 23. Mai der ICE zum Einsatz kommen. Doch trotz intensiver Bemühungen wurde die Strecke nicht pünktlich fertig. Bis zum 3. Juli 1993 musste der ICE nach Berlin-Lichtenberg umgeleitet werden.
Foto: Wolfgang Dath

8. Aufschwung in den 90er-Jahren

Wir schreiben das Jahr 1990, die erste Euphorie der politischen Wende ist verklungen. Langsam bestimmen die neuen Lebensumstände den privaten und beruflichen Alltag. Das Augenmerk richtet sich wieder verstärkt auf das Hobby Eisenbahn.

Heute ist fast vergessen, dass die gerade seit der Jahrtausendwende so oft gescholtene Eisenbahn in den ersten Tagen nach der Grenzöffnung ihre Leistungsfähigkeit unter Beweis stellte. Unkompliziert und flexibel bewältigten die Eisenbahner in Ost und West über die noch vorhandene Grenze hinweg die plötzlich gestiegene Verkehrsnachfrage. Über 150 zusätzliche Reisezüge überquerten am ersten Wochenende nach dem 9. November 1989 die geöffneten Grenzübergänge zwischen Ost und West. Besetzungen der Reisezüge von bis zu 300 Prozent führten zu Störungen im Eisenbahnbetrieb. So konnte beispielsweise in Berlin Hauptbahnhof ein Zug nach Dresden nicht abfahren, weil durch die Überfüllung die Wagenkästen auf den Drehgestellen auflagen.

Ohne auf die damals langsamere Politik zu warten, schlossen die Verantwortlichen beider Bahnverwaltungen wichtige, in die Zukunft weisende Vereinbarungen miteinander. Fahrpläne, Fernsprechverbindungen und Fahrzeugeinsatzpläne waren den geänderten Bedingungen anzupassen. Ferner entstanden wesentliche Bestandteile eines ersten, einheitlichen Bundesverkehrswegeplanes, die Grundlage für die im April 1991 von der Bundesregierung beschlossenen »Verkehrsprojekte Deutsche Einheit«. Erste sichtbare Zeichen der »Neuen Zeit« waren die erweiterten Lokumläufe zwischen den beiden deutschen Eisenbahnverwaltungen. Von heut auf morgen veränderten sich die Verkehrströme. Um diesen gerecht zu werden, schickte die DR Personale und Lokomotiven in Richtung Westen, während die DB mit Führungskräften und Ratschlägen im Osten aushalf. Noch konnten beide Bahnen auf vorhandene Reserven im Fahrzeugpark und Personal zurückgreifen.

Bevor erste Lücken zwischen den beiden elektrischen Netzen geschlossen wurden, tauchten in den Bw der Reichsbahn die ersten DB-Diesellokomotiven der BR 218 auf. Im Vorgriff auf die Einführung des IC-Verkehrs charterte die DR in Italien einen VT 601, der im Sommer 1990 zwischen Berlin und Hamburg verkehrte. 1991 wanderten die elektrischen Lokomotiven der BR 212, 243 und 250 zur Bundesbahn aus und taten dort als BR 112, 143 und 155 Dienst, nicht immer zur Freude der teilweise von Vorurteilen beeinflussten DB-Personale. Der Einsatz von drei 112er Serienloks, die ab August 1991 vom Bw Seelze aus versuchsweise im Regeldienst der DB mit bis zu 160 km/h fuhren, endete bereits im November 1991. Mussten doch oftmals extra vom Bw Berlin Hauptbahnhof angereiste Fahrzeugschlosser ihren DB-Kollegen bei der Unterhaltung der robusten Reichsbahntechnik helfen. 1991 ist auch das Jahr, in dem DR-Baureihen auf Rekordjagd gehen. Im April 1991 erreicht die 212 004 bei Versuchen in Minden eine Geschwindigkeit von 176 km/h, 132 335 erreicht am 7. November 1991 zwischen Golßen und Wünsdorf mehr

Die Lokomotiven der BR 106, seit 1992 als BR 346 eingereiht, waren bis zum Ende der DR auf den Rangierbahnhöfen allgegenwärtig. Bei mehr als 1.000 gebauten Exemplaren verwundert das auch nicht. Hier ist eine dieser robusten Maschinen an der Tankstelle in Berlin-Rummelsburg zu sehen. Die rechts im Bild stehenden Gebäude sind auch aus der Anfangszeit des Bahnhofes, der 1879 eröffnet wurde, und verfallen heute langsam (Denkmalschutz besteht nicht). Foto: Wolfgang Dath

als 145 km/h. Ein Vorbote des späteren Umbaus von Lokomotiven zur DB-Baureihe 234.
Für den Winterfahrplan 1991/1992 geben DR und DB ihren ersten gemeinsamen Fahrplan heraus. Wichtigste Neuerung ist die Einbeziehung von DR-Bahnknoten in das EC/IC-System und ein neues deutschlandweites Interregio-Netz. Rot-weiße und blau-weiße Reisezugwagen mit DR-Logo fahren inzwischen auf dem gesamten deutschen Bahnnetz. Doppelstockwagen aus Görlitz erobern auch den DB-Nahverkehr. Und, nach mehr als 40 Jahren, erhöht die DR die Preise im Personenverkehr um 50 Prozent.
Relativ unbemerkt von den deutsch-deutschen Ereignissen lernt ein noch vor 1989 geborenes Gemeinschaftsprodukt der DR und CSD das Laufen. Die erste elektrische DR-Zweisystemlokomotive der BR 230 (ab 1992: BR 180) darf sich kurze Zeit gemeinsam mit ihren tschechischen Schwestermaschinen im Langlauf zwischen Prag und Berlin/Leipzig bewähren. Die am 31. Mai 1992 erteilte Zulassung für

Nach der Wende freigewordene Städteexpreßwagen kamen nun im hochwertigen Schnellzugdienst der DR zum Einsatz. War der »Karlex« zwischen Berlin und Karlsbad (Karlovy Vary) früher eine Stammleistung des SVT der Bauart Görlitz, so befördert am 4. November 1990 die 132 092 den aus Städteexpresswagen zusammengestellten D 366 nach Berlin. Das Foto entstand bei Weischlitz (Vogtland). Foto: Lutz Bastubbe

Geschwindigkeiten von 160 km/h zwischen Dresden und Berlin bereitet diesen Einsätzen jedoch ein plötzliches Ende, denn die »Knödelpresse«, wie die Maschinen der Baureihe 230 auch genannt werden, ist nur für eine Höchstgeschwindigkeit von 120 km/h zugelassen.

Nachdem auch in Ost-West-Richtung die ersten Fahrdrahtlücken geschlossen sind, kommen nun die elektrischen DB-Baureihen auf dem DR-Netz zum Einsatz, teilweise mit spektakulären Langläufen. Beruflich fällt der erste Kontakt mit der neuen Technik oftmals verhalten aus. Der freudigen Erwartung für die gute »alte West-Technik« der BR 218, 103, 140 & Co. folgt allzu oft ein erstaunter Blick wegen des augenscheinlich schlechten Erhaltungszustandes der Fahrzeuge.

Ab 1993 erreicht die berühmte BR 103 planmäßig Berlin. Mit Dieselkraft über die Stadtbahn geschleppt, ist die Hamburger 103 203 am 23. Mai 1993 die erste planmäßige Lok dieser Baureihe zur Abstellung und Wartung im Bw Berlin Hauptbahnhof. Auch der ICE findet seinen Weg nach Berlin. Ein eher peinliches Kapitel sind die mit Die-

86 1333 fährt im Mai 1991 über die Berliner Stadtbahn am S-Bahnhof Tiergarten entlang. Die Signalbrücke, die Sv-Signale und das schöne Bahnsteigdach fielen inzwischen der Stadtbahnsanierung zum Opfer. Foto: Lutz Bastubbe

sellok bespannten Pendelzüge zwischen Michendorf und Berlin Zoologischer Garten zu Beginn der ICE-Ära, schien doch für viele der vorläufige Endbahnhof Lichtenberg nicht in Berlin zu liegen. Neben diesen Neuerungen erlebten die verbliebenen Dampflokomotiven einen kurzen Aufschwung. Zahlreiche Vereine aus West und weniger aus Ost – ihnen fehlten einfach trotz günstiger Konditionen die Rücklagen – erwarben einige Maschinen. Im Raw Meiningen wurden wieder Hauptausbesserungen ausgeführt. Plötzlich standen voll betriebsfähige Heizlokomotiven zur Verfügung: 41 1231, 44 1486, 52 8087 oder 52 8134. Und warum die 65 1057 wieder betriebsfähig wurde, weiß heute wohl auch niemand mehr so genau …
Bereits im Frühjahr 1990 weilte mit der 24 009 die erste »Westlok« im Werk. Weitere sollten folgen. So wie im Bw Berlin-Schöneweide verstand man auch an anderen Orten die Zeichen der Zeit, setzte auf Marktwirtschaft und organisierte Dampfseminare und dampfbespannte Wochenendzüge. Hinzu kamen die Plandampfaktionen, initiiert von Robin Garn und anderen, die von vielen Reichsbahnern tat-

Auf Vogtlandrundfahrt sind am 4. November 1990 bei Schöneck (Vogtl.) 86 1049 und 86 1001 im verschneiten Winterwald in Richtung Adorf unterwegs. Foto: Lutz Bastubbe

kräftig unterstützt wurden. Diese Renaissance erwies sich aber leider nur als Scheinblüte von kurzer Dauer. Bald verschwanden die notwendigen Behandlungsanlagen, die einen unkomplizierten Dampfeinsatz ermöglichten. Und immer mehr Dampfrösser gingen ihren letzten Weg – zum Glück in private Hände. Der Aufschwung der 90er-Jahre war auch die Zeit eines Generationswechsels beim Hobby Eisenbahn. Während für einige die »moderne« Bahn immer farbloser wurde, stürzten sich andere auf die wenigen Relikte vergangener Zeiten. Die Infrastruktur begann ihr

Auch für Dampflokomotiven gibt es für Sprayer kein Erbarmen. So wurde die 52 8187 der Loksammlung Falz in Basdorf 1993 mit viel greller Farbe und einer Jahresangabe besudelt. Der Schnappschuss entstand am 25. Juni 1994. Die Ansammlung zog vom nördlichen Stadtrand Berlins inzwischen weiter über Jüterbog Altes Lager nach Falkenberg (Elster). Foto: Lutz Bastubbe

Gesicht zu verändern, teilweise durch Modernisierung, aber auch verstärkt durch Vandalismus und Graffiti-Schmierereien.
Bis Ende 1993 blieb ein erster Kahlschlag bei der Deutschen Reichsbahn, insbesondere bei den noch zahlreichen Nebenbahnen, aus. Auch viele Bahnbetriebswerke und Einsatzstellen gingen noch trotz der »Langfristigen Werke Ordnung« ihren gewohnten Arbeitsaufgaben nach. Wie lange würden sie dies noch machen können? Heute wissen wir es besser!

Das neue Nummernsystem der DB AG machte auch vor den letzten im Dienst befindlichen Dampflokomotiven nicht Halt. So brachte die Wustermarker 052 117, die bei der DR als 52 8117 eingereiht war, den planmäßigen Wochenendausflugszug von Lübbenau (Spreewald) am 25. September 1993 zurück nach Berlin. Dieses Foto entstand auf der Westseite des Berliner Hauptbahnhofes, das Brückenstellwerk B1 über der Lok wurde beim erneuten Umbau des Bahnhofes abgerissen. Foto: Lutz Bastubbe

Nur drei Exemplare von der DE 1024 bauten die MaK in Kiel. Als BR 240 reihte die Bundesbahn die Lokomotiven zum Probebetrieb ein, die vor allem auf den nichtelektrifizierten Strecken in Schleswig-Holstein sowie zwischen Hamburg und Berlin die Doppelbespannungen der BR 218 entbehrlich machen sollten. Doch ihnen war nur eine kurze Zeit bei der DB vergönnt. Als die 240 001 den Berliner Bahnhof Zoologischen Garten verlässt, hat sie die Ablösung bereits am Haken: Die BR 219, die dann als remotorisierte BR 229 zeitweise den gesamten IC-Verkehr in Richtung Norden übernahm. Foto: Uwe Dittrich

Eine remotorisierte Maschine der BR 219, nun als BR 229 bezeichnet, fährt am 25. November 1993 mit dem IC 535 aus Hamburg kommend in den Bahnhof Berlin Friedrichstraße ein. Trotz des frühen Wintereinbruchs lief der Bahnbetrieb noch ohne Störungen. An dem einstigen Grenzbahnhof in Berlin erinnern nur noch die vielen Lampenmasten an seine ursprüngliche Aufgabe. Schutzweichen oder Postenhäuschen waren bereits im Jahr 1990 verschwunden. Foto: Michael Reimer

Rechts: Nach einer Idee einiger Eisenbahner des Bw Berlin-Schöneweide gelang es, dass der Ausflugszug Nauen–Berlin Stadtbahn–Lübbenau (Spreewald) von einer Dampflokomotive der BR 52 gezogen wurde. Bis auf wenige Einsätze stellte aber das Bw Wustermark die erforderliche Zuglokomotive. Trotz aller Dampfherrlichkeit – wann war die einstige V 180 005 schon mal im Einsatz? Aufgrund einer hohen Waldbrandstufe musste im Hochsommer 1992 statt einer Dampflok die Museumslokomotive 228 505 dem Eilzug 3008 vorspannen. Am 11. Juli rollt sie an der Museumsinsel vorüber und erreicht gleich den Bahnhof Berlin Friedrichstraße. Foto: Michael Reimer

Eine Erfindung dampfbegeisterter Reichsbahner kam nach der Wende durch Enthusiasten und zahlende Eisenbahnfreunde wieder in Mode: der Plandampf. Vor planmäßigen Zügen kamen Dampfrösser noch einmal für einige Tage zum Einsatz. Im Herbst 1991 organisierte Robin Garn die Aktion »Viva Magistrale«-Dampfzüge zwischen Berlin, Brandenburg und Magdeburg. 01 1531 rollte am 21. Oktober über die baufällige Humboldthafenbrücke und kann aufgrund der für sie eingeschränkten Geschwindigkeit noch einmal beschleunigen. Der von ihr beförderte D 1643 wird in Kürze in den Bahnhof Berlin Friedrichstraße einfahren. Vor dem einstigen Hamburger Bahnhof, der einmal das Verkehrsmuseum von Berlin beherbergte, stand kurzzeitig auch ein »Rosinenbomber« zur Schau. Foto: Michael Reimer

Am 24. Juli 1990 traf der im italienischen Ausbesserungswerk Castelfranco aufgearbeitete ehemalige TEE-Triebwagen der Baureihe 601 in Berlin ein. Für die DR verkehrte das Fahrzeug vom 1. August bis 29. September 1990 als IC »Max Liebermann« zwischen Berlin und Hamburg. Beachtenswert ist dabei, dass mit nur einem Triebzug gefahren werden konnte. Die einzige Reserve bestand in einem Maschinenwagen, der bei Schäden ausgetauscht wurde. Hier schleppt 243 590 den 601 015 am 29. August 1990 zur Behebung eines größeren Schadens von Rummelsburg aus in das Bw Ostbahnhof. Foto: Wolfgang Dath

Links: Anfang der 90er-Jahre begann die Natur, die bei der DR nicht mehr benötigten Fahrzeuge in die Umgebung zu integrieren. Am 8. Juli 1991 rankten sich die ersten Pflanzen um das Flügelrad am 175 005, der seit 1989 in Berlin-Rummelsburg abgestellt war. Erst wenige Jahre zuvor, am 10. Mai 1985, war der Zug stolz als »Jugendklubzug« der Öffentlichkeit präsentiert worden. Die Elektrifizierung von Eisenbahnstrecken war zum Zentralen Jugendobjekt erklärt worden und hatte Vorrang vor allen anderen Baumaßnahmen der Bahn. Die DR holte Eisenbahner aus allen Bezirken der DDR, schulte sie um und bildete Bau- und Montagebrigaden. Um die jungen Bauleute, die ja weit weg von ihren Familien in Bauzügen untergebracht waren, zu motivieren, versuchte man, in dem Triebzug eine niveauvolle Freizeitgestaltung zu organisieren. Aufgrund der politischen Umwälzungen in der DDR war aber ein solcher auch der politischen Agitation dienender Zug Ende 1989 nicht mehr zeitgemäß. Er diente fortan nur noch als Ersatzteilspender für den noch einsatzfähigen SVT der Bauart »Görlitz«, der im Sonderverkehr eingesetzt wurde. Foto: Wolfgang Dath

Der 1983 aus dem Betrieb genommene Triebzug 175 009/010 war viele Jahre in Velten (Mark) neben dem ehemaligen S-Bahn-Schuppen abgestellt. Da es dort keinen Schutz vor Randalierern gab, verwahrloste der Zug bald zusehends. Schließlich holte man ihn in das zuständige Reichsbahnausbesserungswerk nach Wittenberge, doch eine Aufarbeitung kam nicht mehr in Frage. So diente der Zug nur noch als Ersatzteilspender für den 175 014/019. Die Wagenkästen standen noch etliche Jahre auf Hilfsdrehgestellen, deren Radsätze noch aus der Anfangszeit der Eisenbahn stammen dürften. Foto: Wolfgang Dath

Bereits 1985 schieden die letzten SVT der Bauart »Görlitz« aus dem Plandienst. 175 008 war sogar schon 1983 aufgrund eines Heizkesselschadens abgestellt worden. Wegen mangelnder Abstellkapazitäten im Heimat Bw Berlin Ostbahnhof und im Raw Wittenberge hatte man das Fahrzeug in die Einsatzstelle Basdorf gebracht, wo es viele Jahre hinterstellt war. Erst im Juni 1990 wurde der Triebkopf endgültig ausgemustert und zur Verschrottung freigegeben. Im Oktober 1990 konnte er im Bw Berlin-Pankow fotografiert werden, wo er im ehemaligen Kohlenbansen Stück für Stück zerlegt wurde. Foto: Wolfgang Dath

Die Reste des 175 008 im Bw Berlin-Pankow schließlich am 4. Dezember 1990. Foto: Michael Reimer

Im Sommer 1991 organisierte die DR eine Leistungsschau der modernsten Züge Europas in Berlin-Lichtenberg. Zwischen dem Paradepferd der Deutschen Bundesbahn, dem ICE, und dem schnellsten Zug der Welt, dem TGV der französischen Staatsbahn SNCF, weht am 7. Juli 1991 die Fahne der DR. Ein Schild zwischen den Zügen mit der Aufschrift: »Die BAHNEN Wegbereiter für die Zukunft Europas« dokumentiert die seinerzeit dem Schienenverkehr zugedachte Rolle. Foto: Wolfgang Dath

Rechts unten: Ab Mai 1993 gehörte die legendäre BR 103 auch in Berlin zum gewohnten Bild auf Reichsbahngleisen. Zu diesem Zeitpunkt war diese Baureihe noch die unangefochtene Hauptdarstellerin vor den schweren EC- und IC-Zügen. Da die Fahrleitung aus westlicher Richtung nur schrittweise das Berliner Stadtgebiet eroberte, mussten 1993 viele IC und EC in Berlin-Wannsee umgespannt oder mit einer Schlepplok versehen werden. 103 184 und 229 147 warten am 21. September 1993 im Bahnhof Wannsee auf neue Aufgaben. Foto: Reinhold Vollmert

Rechts: Ein vielbeschäftigtes Fahrzeug war Anfang der 90er-Jahre der originalgetreue Nachbau der SAXONIA, der ersten in Deutschland gebauten Dampflokomotive. Am 7. Juni 1990 verschnauft das Personal im Bahnhof Flughafen Berlin-Schönefeld nach ihrem anstrengenden »Ritt« von Leipzig über Eilenburg–Falkenberg–Jüterbog, bevor es zum Ziel, dem Bw Pankow, geht. Immerhin konnte das Maschinchen fast 80 km/h erreichen, wobei die besondere Art der Radsterne bei der Fahrt ein hochklingendes Singen erzeugte. Heutzutage erfolgen Zuführungen zu Veranstaltungen aus Kostengründen mittels Tieflader auf der Straße.
Foto: Lutz Zschage

Wieder einmal hieß das Fotoziel Meiningen. Die letzte Dampflokomotive war aus dem Plandienst verabschiedet, doch zum Heizen benötigte die DR noch viele Heizprovisorien, rollfähig oder gar mit eigener Kraft fahrbar. Das Raw »Helmut Scholz« baute die Lokomotiven um oder alles überflüssige ab. In den letzten Tagen der DDR konnte damit das Schrottsoll erfüllt werden. Nach der Wende waren dieses Soll wie andere Planziele Spiele der Vergangenheit. 50 3649 kam sehr glimpflich davon, so fehlten an der am 23. April 1990 zur Abholung fertigen Maschine nur die Windleitbleche, die Sandrohre und die Kolbenspeisepumpe.
Foto: Lutz Bastubbe

Die Zeit scheint im Bahnhof Nauen vor den Toren Berlins stehen geblieben zu sein. Die Kohlen zum Heizen des Aufsichtsraumes werden mit den kleinen Wagen transportiert, das Zugziel mit dem alten »Kasten« zuverlässig angezeigt. Nur die neue Nummer an der »Ferkeltaxe« 772 125 verrät, dass die Ära der DR unaufhaltsam zu Ende geht – es war bereits der 16. Mai 1992.
Foto: Uwe Dittrich

Vor 1990 war dieses Foto aufgrund des mitten im Grenzgebiet befindlichen Standpunktes unmöglich. Doch nun ist der Grenzturm verwaist, die Relikte der Mauer in Mitten der Stadt Berlin symbolisieren Vergangenheit und Geschichte zugleich. Ein heute ebenso historischer »Stadtbahner« der BVG-Reihe 475 (ET 165) verlässt den Tunnelabschnitt der Nord-Süd-S-Bahn am S-Bahnhof Nordbahnhof. Foto: Uwe Dittrich

Rechts unten: Ausgesprochene Oldtimer waren die Kleinlokomotiven, die sich noch bis zum Ende der Reichsbahnzeit im Einsatz hielten. Vor allem für den Bw-Verschub waren sie auch Mitte der 90er-Jahre noch unverzichtbar. In der Einsatzstelle Berlin-Lichtenberg hatten sogar gleich mehrere dieser Lokomotiven Arbeit. Vor allem nach der Stationierung der Lokomotiven der BR 112.1, die ab 1992 an das Bw Berlin Hauptbahnhof geliefert worden waren, gab es in allen Einsatzstellen dieses Groß-Bw's Probleme mit den Abstellkapazitäten. In Berlin-Lichtenberg mussten nun E-Loks auch auf Gleisen abgestellt werden, die nicht mit Fahrdraht überspannt waren. So wurden auch die Strahlengleise auf dem Areal des ehemaligen »Berliner« Schuppens an der westlichen Drehscheibe zum Abstellen der 112er genutzt. Eine Kö diente als Verschublok, um die stromlosen »Funkenkutschen« auf die Standplätze zu verteilen. Die im Mai 1993 in Dienst gestellte 112 110 wird hier von der 310 421 auf ihren Abstellplatz geschoben. Links ist die 112 030 zu erkennen, die auf die nächste Leistung wartet. Foto: Wolfgang Dath

Rechts: Das Raw Berlin-Tempelhof war lange Zeit das einzige funktionsfähige Ausbesserungswerk im Westteil der Stadt, nachdem das Raw Grunewald 1981 nahezu vollständig abgebrannt war. Seit 1984 hieß es Unterhaltungsstelle für Maschinentechnik (UfM). Verschiedene Diesellokomotiven erhielten dort ihre Instandsetzung. Nach 1990 standen die Hallen leer, kurzzeitig waren dort historische S-Bahnwagen des gleichnamigen Vereins unterstellt. Heute ist in den Hallen ein Einkaufsmarkt.
Foto: Ronald Broschat

So wie hier in Berlin-Rummelsburg sah es nach dem Ende der Reichsbahn bald in vielen Dienststellen aus. Das neue Werkekonzept hatte die Schließung etlicher Bahnbetriebswerke und später auch einiger Ausbesserungswerke zur Folge. Doch nicht nur im Bereich Traktion wurde gespart, auch viele andere Bereiche der ehemaligen Reichsbahn wurden unter der Flagge der DB AG bald wegrationalisiert. Ruinen jedweder Art säumten bald die Strecken der neuen Bahn. Foto: Wolfgang Dath

Unten: Sogar Unikate wie die 310 929, die am 22. Juni 1992 im Lokschuppen des Bw Frankfurt (Oder) Pbf fotografiert werden konnte, erhielten noch eine dem DB-Schema angeglichene Nummer. Foto: Wolfgang Dath

Vom 23. Mai bis zum 3. Juli 1993 musste die zum Fahrplanwechsel eingerichtete ICE-Verbindung, die eigentlich zum Bahnhof Berlin-Zoologischer Garten führen sollte, über den südlichen Berliner Außenring nach Berlin-Lichtenberg umgeleitet werden. Da der ICE dort auch eine Laufwerkskontrolle erhalten sollte, wurde die 202 340 mit einer Übergangskupplung ausgestattet, sodass der Zug auch im abgerüsteten Zustand verfahren werden konnte. Am Morgen des 29. Juni 1993 hat die Diesellok einen ICE aus dem Wagenschuppen gezogen und schiebt ihn nun auf ein Abstellgleis, wo die Restarbeiten ausgeführt werden. Foto: Wolfgang Dath